철학, 과학 기술에 다시 말을 걸다

철학, 과학 기술에 다시 말을 걸다

이상헌 지음

주니어김영사

우리의 기술 문명은 어디로 갈 것인가?

인간과 컴퓨터가 펼친 세기의 바둑 대결 이후, 우리 사회에서 '알파고'는 인공 지능의 위력을 상징하는 용어가 되었다. 컴퓨터가 쉽게 넘을 수 없을 것이라고 여겼던 고도의 정신 게임의 벽이 알파고로 인해 무너졌기 때문이다. 사실 1997년에 IBM의 슈퍼컴퓨터 딥블루가 인간 챔피언인 게리 카스파로프를 꺾었을 때, 이미 인공 지능이 바둑에서도 인간을 이기는 일은 예견되었다. 정말로 그로부터 20년이 지난 2016년에 인간 챔피언과 대결하기에 손색이 없는 컴퓨터가 인간을 꺾었다.

앞으로 인공 지능은 발전을 거듭할 것이고, 진보된 인공 지능의 등장은 발전 속도를 가속화시킬 것이다. 인공 지능의 응용 분야도 의료, 법률, 금융, 교통, 교육, 오락 등 우리 삶의 모든 분야로 확장될 것이다. 우리의 삶은 인공 지능으로 인해 더욱 편리해지고 풍요로워질 것이다. 인공 지능뿐만이 아니다. 나노 기술, 생명 공학, 정보 통신 기술, 신경 공학, 로봇 공학 등 21세기의 최첨단 기술들은 인류에게 그동안 경험해 보지 못한 세상을 보여 줄 것이다. 기술 옹호자들은 첨단 기술의 진보가 그야말로 기술 유토피아를 가져올 것이라고 기대한다.

기술의 발전이 정말로 우리에게 유토피아와 같은 좋은 세상을 가져다줄까? 사람들은 우리가 제어할 수 없는 수준으로 발전하는 기술로 말미암아 어떻게 전개될지 모르는 미래에 대해 불안과 두려움을 보이기도 한다. 인공 지능의 발전이 삶의 편의와 풍요를 증진시키겠지만, 다른 한편으로는 인공 지능이 인간을 대신하면서 인간은 생업을 잃고, 부분적으로라도 인공 지능이 인간을 통제하는 체제가 등장할 가능성이 있기 때문이다. 다른 첨단 기술도 마찬가지이다. 나노 기술의 위험과 공포는 이미 대중적으로 널리 알려졌으며, 생명 공학이 불러오는 가치의 충돌과 가치관의 혼란은 곳곳에서 나타나기 시작했다. 합성 생물학은 나노 기술과는 또 다른 방향에서 생명의 질서를 파괴하고 돌이킬 수 없는 혼란을 불러올 수도 있다. 신경 공학은 우리의 정신세계를 과학 기술의 조작적이고 통제적인 영역으로 편입시킬 가능성이 있다. 이렇게 비관적으로 기술의 발전을 내다보는 사람들은 앞으로 전개될 우리의 미래가 디스토피아라고 말한다.

이 지점에서 우리에게 철학이 필요하다. 철학은 반성하는 학문이다. 나 그리고 우리가 어디로 가야 할지 방향을 정할 때 철학적 반성과 인문학적 성찰이 중요한 역할을 한다. 이 책에서는 독자들이 과학 기술을 단지 지식이나 정보로만 받아들이지 않고, 그것에 관련하여 철학적으로 상상하고 인문학적으로 성찰할 수 있는 기회를 제공한다. 아마 이런 기회를 자주 갖다 브면 인문학적 사고와 창의성이 키워질 것이라고 믿는다. 이 책은 과학 기술과 인문학의 소통의 중요성을 강조하고 있으며, 나는 이 책을 통해 두 세계가 만날 수 있다고 기대한다.

《철학, 과학 기술에 다시 말을 걸다》가 만들어지기까지 많은 분들의 도움이 있었고, 그분들의 도움이 없었다면 책이 빛을 보지 못했을 것이다. 이 자리를 통해 그분들께 감사의 말씀을 전하고 싶다. 《철학, 과학 기술에 말을 걸다》에서 다루지 못한 기술들이 많아 《철학, 과학 기술에 다시 말을 걸다》의 집필을 원했는데, 주니어김영사에서 기꺼이 출판을 허락해 주었다. 출간을 허락해 준 주니어김영사에 감사한다.

2016년 10월 이상헌

| 차례 |

1 인공 지능 자율 주행 자동차 사고, 누구의 책임일까? • 8

2 인공 지능 초지능, 인간을 능가하는
인공 지능이 등장할까? • 22

3 인공 지능 로봇 저널리즘, 인공 지능이
우리의 일자리를 빼앗아 갈까? • 36

4 정보 통신 기술 가상 현실이 우리를 통 속의 뇌로 만들까? • 50

5 정보 통신 기술 빅 데이터, 프라이버시 없는 개인이 있을까? • 64

6 인체 냉동 보존술 냉동 인간, 불멸성을 향한 끝없는 열망 • 78

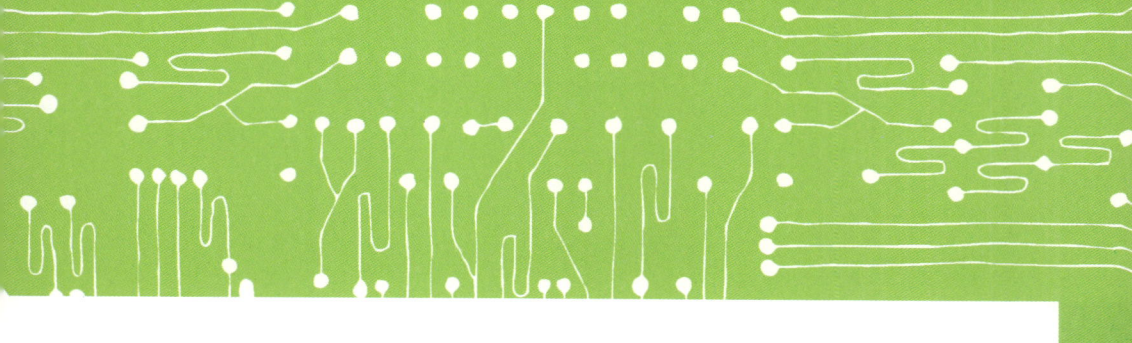

7 재료 공학 투명 망토를 입으면
왜 도덕성을 상실할까? • 90

8 우주 생물학 외계 지능 생명체 탐사와 낯선 것에 대한 반응 • 104

9 신경 공학 뇌를 바꾸면 사람도 바뀔까? • 118

10 신경 공학 인간과 기계의 결합이 가능할까? • 132

11 생명 공학 맞춤 아기, 유전자 선택은 정당할까? • 148

12 생명 공학 인간의 유전자에 특허권을
인정하는 것이 옳을까? • 166

1

인공 지능

자율 주행
자동차 사고,
누구의 책임일까?

1992년에 개봉한 애니메이션 〈알라딘〉에는 마법의 양탄자가 등장한다. 마법의 양탄자는 하늘을 날아 어디든 데려다준다. 〈오즈의 마법사〉에 나오는 도로시의 은 구두는 속도와 안전성 면에서 알라딘의 마법 양탄자보다 한 수 위다. 은 구두의 뒤꿈치를 세 번 부딪치고 가고 싶은 곳을 말하면, 은 구두는 순식간에 원하는 곳으로 데려다준다. 이 정도면 이동 수단으로써 최고가 아닐까?

　　최고의 이동 수단을 이야기할 때 산타클로스의 썰매를 빼놓을 수 없다. 산타클로스는 루돌프와 사슴들이 끄는 썰매를 타고 하늘을 날아다닌다. 산타가 온 세상 어린이들에게 선물을 전달하려면 얼마나 빨리 날아야 할까? 스웨덴의 기술 자문 업체인 스웨코가 산타의 썰매 속도를 계산했다. 종교에 관계없이 지구 상의 모든 어린이들이 12월 24일과 25일 사이에 크리스마스 선물을 받으려면, 산타는 지구를 한 바퀴 돌면서 25억 가구를 들러야 한다. 스웨코는 산타가 중앙아시아 지역에서 출발해 동쪽 방향으로 움직인다면 한 집에서 34마이크로초를 머무르고, 순록들이 초속 5800킬로미터로 달려야 선물 배달에 성공할 수 있다고 설명한다. 1마이크로초는 백만 분의 1초이다. 그런데 알려진 대로 산타가 핀란드의 로바니에미 마을 같은 북극권에 살고 있다면 제시간에 지구 상의 모든 어린이에게 선물을 배달할 수 없다고 한다. 산타가 탄 썰매의 속도에 대해서는 이전에도 여러 연구진들이 계산했다. 계산의 차이는 있었지만, 결론은 산타의 썰매는 그것보다 빠른 것을 찾기 어려울 만큼 빠른 이동 수단이라는 것이다.

　　산타에게 나는 썰매가 있다면 헬리오스에게는 태양 마차가 있다. 헬리오스는 그리스 신화에 등장하는 태양신으로, 달의 여신 셀레네와 여명의 여신 에오스와 남매지간이다. 헬리오스는 이륜 태양 마차를 타고 에오스의 뒤를 이어 큰 바다 오케아노스 동쪽 끝에서부터 서쪽으로 가로질러 날았다. 천구를 따라 하늘을 나니, 산타의 썰매보다 훨씬 더 빠르지 않을까?

작지만 넓은 자동차

헬리오스의 태양 마차는 헤파이스토스가 만들어 준 것이다. 이 이륜차는 바퀴살만 은으로 되어 있고 모두 황금으로 되어 있다. 마부석에는 감람석과 금강석이 무수히 박혀 있는데, 이는 태양의 빛을 사방팔방으로 비추기 위함이었다. 헬리오스에게는 파에톤이라는 아들이 있었다. 파에톤은 헬리오스와 요정인 클레메네 사이에서 태어났다. 파에톤은 자신이 태양신의 아들이라고 말했다가 친구들에게 거짓말쟁이라고 비웃음을 당한다. 파에톤은 어머니인 클레메네에게 투정을 부려 헬리오스가 있는 곳을 알아내고 자신이 태양신의 아들임을 증명하기 위해 헬리오스를 찾아 나선다.

다 자란 아들과 재회한 헬리오스는 자신이 파에톤의 아버지임을 인정한다. 그리고 파에톤에게 어떤 소원이든 들어주겠다고 맹세한다. 그런데 이 약속이 화를 부를 줄을 누가 알았을까? 파에톤은 헬리오스에게 태양 마차를 하루만 몰게 해 달라고 떼를 썼고, 헬리오스는 결국 파에톤의 청을 들어준다. 그런데 헬리오스의 태양 마차는 신들 중의 신인 제우스도 몰 수 없는 것이었다. 결국 파에톤은 하늘의 궤도를 이탈하고 땅을 불태우고 바다를 마르게 만들었다. 신들이 제우스에게 불만을 이야기하자 제우스는 더 큰 재앙을 막기 위해 어쩔 수 없이 번개를 던져 파에톤을 하늘에서 떨어뜨렸다. 제우스의 번개를 맞은 파에톤은 머리에 불이 붙은 채 에리다노스 강으로 떨어져 죽었다. 파에톤의 누이들인 헬리아데스는 오빠의 운명을 슬퍼하다 강기슭의 포플러 나무가 되었다고 한다.

오늘날 가장 대중적인 이동 수단은 자동차이다. 하지만 자동차는 가장 위험한 물건이기도 하다. 세계 보건 기구의 발표에 의하면 2014년 전 세계적으로 교통사고 사망자 수가 약 125만 명에 이른다고 한다. 우리나라에서는 2013년에 교통사고로 사망한 사람이 4762명이었다. 1991년에 연간 교통사고 사망자가 1만 3429명으로 최고치를 기록했고, 그 이후 교통사고 사망자가 지속적으로 감소하고 있지만, 다른 나라들에 비하면 여전히 사망 사고 비율이 높다.

자동차는 우리의 삶을 획기적으로 변화시켰다. 생활이 더 편리해졌고 삶의 반경이 넓어짐에 따라 사회와 문화, 경제 등 삶의 전반에서 커다란 변화가 일어났다. 자동차의 등장으로 사람들은 많은 혜택을 얻었지만 나쁜 점들도 생겨났다. 배기가스로 인한 환경 오염, 화석 연료의 과다 소비, 도시화와 도시 집중 현상, 교통 체증 등이 그런 것들이다.

《모모》의 작가인 독일 출신의 미하엘 엔데는 단편 소설 〈조금 작지만 괜찮아〉에서 자동차에 대한 놀라운 상상을 드러낸다. 소설의 주인공은 로마 자니콜로 언덕의 공원 벤치에서 한 가족과 그들의 신기한 자동차를 발견한다. 주인공은 우연히 그들과 얘기를 나누게 되고 신기한 자동차를 얻어 탄다. 그런데 자동차는 너무 작아서 부부와 세 자녀 그리고 할아버지 한 명, 총 여섯 명의 식구가 탈 수 있을 것처럼 보이지 않았다. 하지만 자동차의 내부는 엄청나게 컸다. 차 안에는 또 다른 문이 있었는데, 그 문으로 들어가면 식당, 응접실, 주인 남자의 작업실이 나온다.

더 놀랍게도 차 안에 차고도 있었다. 주인 남자의 설명에 따르면 도시에서 주차하는 것이 하늘의 별 따기처럼 어려워서 자동차 안에 차를 주차할 수 있는 실용적인 차고를 만들었다고 한다. 도시는 좁고 사람은 늘어나는데 자동차가 없는 사람이 없다. 심지어 사람들은 옆 골목에 담배를 사러 갈 때에도 차를 몰고 나온다. 주인 남자는 이러한 현실을 보며 자동차의 외부를 작게 하고 내부는 넓게 할 기술을 생각했다고 말한다. 정말로 이런 환상적인 해결책이 마련된다면 자동차로 인해서 생기는 많은 도시 문제들이 사라질 것 같다. 하지만 현실은 상상이 아니므로 현실적인 해결책이 필요하다.

자동차의 역사

인류의 역사에 커다란 영향을 미친 발명품 중 하나는 바퀴이다. 바퀴를 최초로 발명한 사람은 분명하지 않지만, 메소포타미아 유적에서 발견된 전차용 나무 바퀴가 가장 오래된 것이며 기원전 3500년경에 만들어진 것으로 추정된다. 이러한 바퀴가 달린 장치에 말이나 소를 연결하면 훌륭한 이동 수단과 운반 수단이 된다. 13세기 중세 철학자 로저 베이컨은 언젠가 동물의 힘을 빌리지 않고 자체적인 힘으로 달리는 차가 등장할 것이라고 예측했다.

레오나르도 다 빈치는 1509년에 압축 행정이 없는 내연 기관을 고안했고, 1673년에 네덜란드의 물리학자 크리스티안 호이겐스가 또다시 압축 행정이 없는 내연 기관을 고안했다. 최초의 실질적인 내연 기관을 발명한 것은 영국의 발명가 사무엘 모랜드였다. 내연 기관이란 연료와 공기 따위의 산화제를 연소실에서 연소시켜 에너지를 얻는 기관이다. 압축 행정은 실린더 내에 흡입된 공기를 피스톤의 상승 작용으로 압축하는 행정을 말한다.

17세기 중반 증기 기관이 실용화된 이후에 '자동차'라는 이름에 걸맞는 자동차가 등장했다. 1770년에 프랑스의 니콜라 조셉 퀴뇨가 제작한 증기 자동차가 기계의 힘으로 주행한 최초의 자동차이다. 공병 대위였던 퀴뇨는 포차를 견인할 목적으로 증기 자동차를 제작했다고 한다. 퀴뇨의 자동차는 세 바퀴로 움직이는 삼륜차로, 속도가 겨우 시속 5킬로미터 정도여서 사람이 걷는 속도와 비슷했다.

자동차를 가장 먼저 실용화한 나라는 영국이었다. 1826년부터 W. 핸콕이 제작한 열 대의 증기 자동차가 런던 시내를 정기적으로 운행했다. 이 중기 자동차는 22인승이었으며 시속 20킬로미터 내외로 운행했다고 한다. 증기 자동차는 보일러의 대형 사이즈, 낮은 성능, 긴 시동 시간 때문에 개인용 차량으로는 적당하지 않았다. 19세기 중반에 전기 자동차가 등장했지만 축전지의 무게, 짧은 항속 거리, 긴 충전 시간 등의 결함 때문에 실용화에 한계가 있었다.

내연 기관이 발달하면서 자동차의 본격적인 발전이 이루어졌다. 니콜라스 오토가 고트리프 다임러, 빌헬름 마이바흐와 더불어 4행정 기관을 발명한 것은 1876년이다. 오토 내연 기관 연구소의 기술자였던 코트리프 다임러는 가솔린을 연료로 하는 기관을 개발하고 1875년에 이륜차를 제작했다. 이것은 오늘날 오토바이와 비슷한 것이었다. 세계 최초의 가솔린 자동차는 메르세데스 벤츠의 공동 창립자인 칼 벤츠가 제작한 페이턴트 모터바겐이다. 1877년 칼 벤츠는 니콜라스 오토가 발명한 가솔린 엔진을 탑재해 삼륜차를 만들었다. 최고 속도는 시속 16킬로미터였다. 보통 사람이 걷는 속도보다 네 배 정도 빨랐다.

자동차의 대중화를 이끈 것은 포드 자동차 회사가 발매한 T형 포드이다. 이 모델은 간결하고 신뢰성이 높은 설계와 양산 방식으로 폭발적인 인기를 얻었다. 1913년 포드 자동차는 급증하는 수요에 부응하기 위해서 최초로 컨베이어 벨트가 설치된 작업 방식을 채택했다. 찰리 채플린이 주연한 영화 〈모던 타임즈〉에서는 산업화 시대의 포드의 작업 방식을 비꼬고 있다.

자율 주행 자동차의 등장

일본 애니메이션 중에 〈꼬마 자동차 붕붕〉이라는 작품이 있다. 이 작품은 주인공 철이와 노란 자동차 붕붕이 친구가 되어 함께 여행하면서 겪는 이야기이다. 꽃향기를 맡으면 힘이 솟는 꼬마자동차 붕붕은 사람처럼 말을 한다. 이를테면 인공 지능 시스템인 셈이다. 미국의 TV 시리즈 중에 〈전격 Z 작전〉이라는 드라마가 있었다. 이 작품에 등장하는 최첨단 무기는 키트라는 이름의 인공 지능 자동차이다. 꼬마 자동차 붕붕과 키트는 운전자 없이도 스스로 운행할 수 있다는 공통점이 있다. 우리나라 애니메이션 시리즈인 〈헬로 카봇〉도 이에 속한다.

TV에 나오는 상상 속의 이야기가 현실이 되고 있다. 운전자의 조작 없이 스스로 운행하는 자율 주행 자동차가 개발되었기 때문이다. 무인 자동차, 로봇 자동차 등 다양한 이름 가운데 자율 주행 자동차라는 용어가 표준으로 인정되었다. 현재 영국과 미국에서 자율 주행 자동차가 시범 운행되고 있으며, 스위스, 네덜란드, 독일 등에서도 자율 주행 자동차가 시범 운행되고 있다. 우리나라도 2016년 자율 주행 자동차의 시범 운행 단지로 판교를 선정했다.

2015년 스위스의 통신 회사인 스위스컴이 독일의 폴크스바겐에서 만드는 차량에 각종 센서와 컴퓨터, 소프트웨어를 장착해 자율 주행 자동차 실험을 실시했다. 네덜란드에서는 자율 주행 버스가 도로를 달리는 실험에 성공했다. 위팟이라고 불리는 이 버스는 약 26억 원의 제작 비용이 들었으며, 시속 24킬로미터로 달릴 수 있다고 한다. 또한 네덜란드에서는 2016년 4월에 로테르담 지역에서 자율 주행 트럭의 시험 운행이 있었다.

자율 주행 자동차는 자동차의 미래이다. 세계 유수의 자동차 업체들이 자율 주행 자동차 개발에 박차를 가하고 있는 가운데 구글 같은 IT 업체들도 자율 주행 자동차에 막대한 투자를 하고 있다. 자율 주행 자동차는 운전자의 실시간 조작 없이도 운행하는 자동차로, 사용자가 목적지만 지시하면 자동차가 자율적인 판단으로 도로를 주행하여 목적지에 도달하는 시스템이다. 2014년 5월 구글이 발표한 자율 주행 자동차는 출발 버튼과 비상 정지 버튼만 장착되어 있었으며, 스마트폰을 통해 사용자의 위치와 목적지를 자율 주행 자동차에 전송하면 차량이 자율적으로 사용자를 태워서 목적지까지 데려다 준다.

2007년 이후 자율 주행 자동차는 빠른 속도로 발전했다. 2007년에 개최된 다르파 그랜드 챌린지에서 운전자가 없는 자동차가 시가지를 달린다는 상상이 현실화될 수 있음을 보여 주었다. 다르파는 미국 국방부 산하의 연구 기관으로 국방 고등 연구 기획국이라고 한다. 다르파는 2004년부터 자율 주행 자동차 경주 대회를 개최했는데, 2007년 다르파 그랜드 챌린지에서 본선에 오른 11대의 자동차 모두 2.8마일의 시가지를 운전자 없이 운행하는 데 성공했다. 첫 번째 대회인 2004년 다르파 그랜드 챌린지는 사막에서 진행되었음에도 불구하고 완주한 자동차가 단 한 대도 없었던 점을 상기하면 놀라운 발전인 것이다.

자율 주행 자동차가 불러올 변화들

자율 주행 자동차가 등장한다면 우리 생활에 어떤 변화들이 생길까? 20세기 초반에 자동차가 대중화된 이후 사람들의 삶은 전반적으로 상당한 변화를 겪었다. 도시가 광역화되고 기동성 중심 사회로 변모하면서 사람들의 일과 여가가 철저히 분리되었다. 주말이면 가족 단위로 교외로 나들이 가는 것이 하나의 문화가 되었다. 대량 소비 사회로 진입한 시기도 자동차의 대중화와 맞물려 있다. 역사학자 아놀드 조셉 토인비는 20세기 문명 가운데 인류가 이룩한 최고의 업적이 교통 발달이라고 말했을 정도이다. 자율 주행 자동차가 보편화된다면 20세기 초 자동차가 대중화되었을 때보다 더 큰 변화를 가져올 것으로 예상된다.

자율 주행 자동차의 보편화로 우리가 어떤 혜택을 얻을 수 있을지를 먼저 살펴보자. 첫 번째로 자동차 사고와 그로 인한 인명 피해를 획기적으로 줄일 수 있다. 오늘날 자동차 사고의 90퍼센트 정도가 운전자의 과실로 발생한다고 한다. 자율 주행 자동차는 시스템의 오류가 없는 한 사람이 하는 과실을 저지르지 않을 것이다. 도로 교통 공단이 집계한 자료에 따르면, 2013년 우리나라의 교통사고 사상자 수는 18초마다 1명이라고 한다. 이것은 자동차 사고로 숨지거나 부상당하는 사람이 18초마다 한 사람씩 생긴다는 뜻이다.

그리고 도로 교통 공단이 추산한 바에 따르면, 2013년 기준으로 우리나라에서 자동차 사고로 인해 발생하는 사회적 비용이 연간 24조 444억 원이라고 한다. 자동차 사고가 줄어들면 그만큼 사회적 비용도 줄어든다. 자동차 사고의 감소는 개인과 국가에 재정적으로 상당한 이득을 가져다준다는 뜻이다.

자동차 같은 이동 수단이 절실히 필요하지만 자동차를 이용하기 어려운 사람들이 있다. 인지 능력이 낮은 고령자나 운전 조작을 할 수 없는 장애인이 여기에 해당된다. 지금은 도로에서 자동차를 운전하기 위해서는 운전면허 제도에 따라 기본적인 운전 능력을 갖추어야 한다. 도로에는 다른 많은 자동차들이 있으며 수많은 보행자들도 지나다니기 때문이다. 운전 능력이 부족한 사람이 자동차를 몰고 도로에 나온다면, 그 자신은 물론이고 다른 사람을 위험에 빠뜨릴 수 있다. 그런데 자율 주행 자동차는 인지 능력이 낮은 고령자나 운전을 할 수 없는 장애를 갖고 있는 사람도 마음대로 이용할 수 있을 것이다. 그렇다면 운전 면허가 필요 없어질 것이다. 혹은 지금처럼 기능 위주가 아니라 태도 중심의 운전 교육을 받고 운전 면허를 취득할 수 있을 것이다.

두 번째로 자동차 실내 풍경에 상당한 변화가 있을 것이다. 운전하는 데 소모했던 시간이 새로운 여가와 문화, 노동의 시간이 될 수 있다. 다시 말해서, 자동차를 타고 있는 동안에 여가 생활을 즐길 수도 있고 부족한 수면 시간을 보충할 수도 있고 못 다한 작업을 마무리할 수도 있다. 자동차는 단순히 이동 수단이 아니라 하나의 생활 문화 공간이 될 것이다. 지금의 자동차보다 훨씬 안락하고 편안한 공간으로 변모할 것이다.

세 번째, 자율 주행 자동차의 보편적 보급은 노동 시장에 상당한 변화를 몰고 올 것이다. 택시나 버스 운전기사가 더 이상 필요하지 않게 될 것이다. 자동차 보험 업계는 새로운 상품을 개발해야 할 것이다. 자동차가 더 이상 개인의 소유물이 아니라 일종의 공공물처럼 여겨질 수도 있다.

물론 자율 주행 자동차가 보편적으로 보급되기까지 넘어야 할 장애물들이 많다. 기술적으로 해결해야 할 문제들도 있고 법률과 제도의 정비도 필요

하다. 또한 윤리적으로 문제가 되는 부분에 대해서는 사회적 합의를 이끌어
내야 한다.

터널 문제와 사고의 책임

운전은 눈앞에 펼쳐진 교통 상황에 대한 정확한 파악과 합리적 판단만으
로 가능해 보이지만, 예상 밖으로 사람들은 운전 중에 다양한 윤리적 판단을
해야 하는 상황에 직면한다. 준법과 윤리 사이에 괴리가 있을 때도 있다. 합
리적인 판단으로 내린 윤리적 결정이 법규에는 위배될 수 있다는 뜻이다. 예

컨대, 응급 상황에서는 제한 속도를 지키는 것보다 1분이라도 빨리 환자를 병원으로 데려가는 것이 중요하다. 이 정도의 판단은 사람이라면 누구나 할 수 있는 상식적인 것이다. 하지만 자율 주행 자동차도 이런 판단을 내릴 수 있을까? 그렇게 할 수 있도록 하려면 어떠한 윤리적 관점 혹은 윤리적 원칙들을 자율 주행 자동차의 프로그램에 포함시켜야 할까?

자율 주행 자동차와 관련하여 복잡한 윤리적 문제가 있다. 캐나다의 제이슨 밀러가 트롤리 문제를 변형해 고안한, 이른바 터널 문제라는 사고 실험이다. 당신이 자율 주행 자동차를 타고 좁은 산길을 운행하고 있다고 가정하자. 일차선의 터널로 진입하기 위해 달리고 있다. 그때 한 아이가 갑자기 도로에 나타나더니 쓰러졌다. 그런데 자동차를 멈추어 이 아이를 피할 시간이 없다. 여기서 선택지는 두 가지이다. 아이를 치고 지나가든지, 아니면 주행 방향을 확 바꾸는 것이다. 그런데 방향을 바꾸면 자동차는 터널 벽에 부딪힐 것이고 당신은 사망할 것이다. 물론 아이를 치면 아이가 사망할 것이다.

밀러는 이런 상황에서 의사 결정을 누가 할 것인지를 묻는다. 이것은 사고의 책임을 누가 질 것인지에 대한 물음이기도 하다. 자율 주행 자동차에 탑승한 사용자가 결정하도록 할 것인가, 아니면 제조 업체가 결정 권한을 갖고 미리 프로그램을 짜 놓을 것인가, 아니면 정부가 그런 상황에 대한 지침을 만들어 주어야 하는가?

사용자에게 의사 결정 권한을 주었을 때 별 문제가 없을까? 물론 일반 자동차의 경우에는 운전자에게 의사 결정 권한이 전적으로 주어져 있다. 운전자가 그때그때의 상황이나 우연적인 요소들 그리고 자신의 상태에 따라 판단한다. 하지만 자율 주행 자동차의 경우는 다르다. 자율 주행 자동차가 윤리적 문제와 대면하게 되는 상황에서 최선의 결정을 내리려면 어떻게 해야 할까? 자율 주행 자동차에 윤리적 설정 옵션을 만들어 놓자는 의견도 있다.

이렇게 되면 이용자의 성향이나 품성에 따라 윤리적 설정을 조정할 가능성이 있다. 예컨대, 자율 주행 자동차가 운행되는 곳이 미국이라면, 백인 이용자가 유색 인종보다 백인을 우선시하는 운행 규칙을 설정할 수도 있다.

자동차를 만든 회사에게 윤리적 의사 결정의 권한을 맡기는 방식은 자동차 회사에 부담을 줄 것이다. 그렇게 되면 사고의 책임을 자동차 회사가 져야 하기 때문이다. 자동차 회사가 제품을 만들 때 긴급 상황에 대한 윤리적 설정을 임의로 해 둔다면 사고가 발생했을 때 윤리적 책임은 물론 법률적 책임까지 져야 할 것이다. 이렇게 되면 자동차 회사는 끊임없이 소송에 시달릴 가능성이 있다. 그렇다고 이용자가 윤리적 설정을 하도록 제품을 만든다고 해서 자동차 회사가 모든 책임으로부터 면책되는 것은 아닐 것이다.

정부가 자율 주행 자동차의 윤리적 행동 지침을 마련해 주는 것은 어떨까? 그러면 다음 문제는 그 내용이 무엇이며 어떤 원칙에 따라 자율 주행 자동차가 행동하게 만들 것인지를 결정하는 것이다. 과정을 조금 건너 뛰어 사회적 합의를 통해 자율 주행 자동차의 행동을 규정하는 윤리적 원칙을 마련했다고 가정하자. 자율 주행 자동차는 상당한 자율적 판단 능력을 지닐 것이다. 자동차 회사는 충분히 완성도 있는 자율 주행 자동차를 만들 것이다. 그러면 이제 자율 주행 자동차의 행동으로부터 야기되는 문제를 자율 주행 자동차의 책임으로 돌릴 수 있을까?

자율 주행 자동차에 관련된 윤리적 문제는 지금까지 살펴본 것 말고도 다양하다. 자율 주행 자동차가 해킹되는 위험도 있고, 사생활 침해에 관한 문제도 있다. 자율 주행 자동차가 정말로 현실화되고 우리가 혜택을 안전하게 충분히 누릴 수 있으려면 윤리적 시선에서 사태를 좀 더 진지하게 살펴보는 노력이 필요하다.

초지능,
인간을 능가하는
인공 지능이 등장할까?

최근 인공 지능에 대해 사람들의 관심이 높아지면서 지능 자체에 대한 관심도 증가했다. 세상에서 지능이 가장 높은 사람은 누구일까? 20세기의 인물 가운데 존 폰 노이만(1903~1957)이라는 사람이 있다. 헝가리 출신의 수학자인 폰 노이만은 컴퓨터 과학, 물리학, 게임 이론, 경제학 등 다양한 분야에서 탁월한 업적을 남겼다. 그는 게임 이론의 수학적 기초를 발전시키는 데 기여했으며 오늘날 우리가 사용하는 디지털 컴퓨터의 기본 구조를 설계했다. 그는 응용 수학과 양자 역학에 대한 연구를 했으며 원자 폭탄 개발 계획인 맨해튼 프로젝트에 참여했다. 폰 노이만은 7개 국어를 완벽하게 구사했으며, 상상을 초월한 암산 능력과 암기력을 가진 사람으로 유명하다. 추정하는 지능 지수는 250이며, 편차 지능 지수로 환산하면 200 정도라고 한다.

천재적인 능력을 지닌 사람들

폰 노이만에게는 기억력에 관한 유명한 일화가 여러 가지 있다. 《컴퓨터, 파스칼에서 폰 노이만까지》라는 책을 쓴 허먼 골드스틴에 따르면, 노이만은 한번 읽은 책이나 논문을 글자 하나 틀리지 않고 그대로 인용할 수 있었고, 몇 년이 지나서도 그럴 수 있었다고 한다. 한 번은 골드스틴이 노이만의 기억력을 시험하기 위해서 찰스 디킨스의 소설 《두 도시 이야기》가 어떻게 시작하는지 얘기해 달라고 주문했다. 그러자 노이만은 머뭇거림 없이 1장을 암송하기 시작했고, 10분 이상 지나서 골드스틴이 그만하라고 할 때까지 계속했다고 한다. 폰 노이만의 부모는 집에 손님이 찾아올 때마다 아들의 기억력을 자랑하곤 했다. 손님이 전화번호부 책에서 아무 데나 펼쳐 보이면 폰 노이만이 몇 번 읽어 보고는 곧장 사람 이름, 주소, 전화번호를 외우는 모습을 보여 주었다고 한다.

천재적인 발명가 니콜라 테슬라(1856~1943) 또한 놀라운 지능의 소유자로 알려져 있다. 테슬라는 최초의 교류 유도 전동기와 테슬라 변압기를 발명했다. 에디슨만큼 유명하지는 않지만 공학자들 사이에서 테슬라는 천재라는 말과 동의어로 사용된다. 테슬라는 25개 국에서 272건의 특허를 획득했으며, 폰 노이만 못지않게 놀라운 지능을 지닌 것으로 알려져 있다. 테슬라 역시 뛰어난 기억력에 대한 일화가 많다. 그는 한 번 읽은 책은 거의 한 글자도 빼놓지 않고 암기할 수 있었다고 한다. 테슬라는 위대한 수학자인 푸앙카레나 오일러처럼 사진 기억술의 소유자로 알려져 있다.

심리학에서 지능을 측정하는 수단으로 지능 지수를 처음 사용했다. 인간의 지능을 지능 지수만으로 모두 측정할 수는 없지만, 지능 지수는 언어 능력, 수리력, 추리력, 공간 지각력 등 기본적인 지능을 측정하는 데 유용하다. 최근 조사에 따르면, 현재 세상에서 가장 지능 지수가 높은 사람은 캘리포니아대학교 로스앤젤레스 캠퍼스의 교수인 테렌스 타오이며, 지능 지수가 230이라고 한다. 그는 20살에 프린스턴대학교에서 박사 학위를 받고 24살에 캘리포니아대학교 로스앤젤레스 캠퍼스에서 최연소 정교수가 되었다. 두 번째로 지능 지수가 높은 사람은 캘리포니아 공과대학교의 고수인 크리스토퍼 히라타이며, 지능 지수가 225이다. 세계에서 세 번째로 지능 지수가 높은 사람은 우리나라의 김웅용 씨이다. 지능 지수 220인 김웅용 씨는 12살부터 NASA(미국항공우주국)에서 선임 연구원으로 근무했으며, 평범한 삶을 살기 위해 16살에 고국으로 귀국했다고 한다.

전설적인 세계 체스 챔피언 개리 카스파로프는 지능 지수가 190으로, 현재 세계에서 다섯 번째로 지능 지수가 높다고 한다. 카스파로프는 1997년 IBM의 슈퍼 컴퓨터인 딥블루와 세기의 체스 대결을 펼친 것으로 더 유명하다.

특정한 분야에서 천재적인 능력을 발휘하는 사람들 가운데 어떤 사람들은 다른 영역에서는 평균 이하의 능력을 보이기도 한다. 대표적으로 서번트 증후군에 걸린 사람들은 사회성이 떨어지고 의사소통 능력이 떨어지지만 특정 영역에서 놀라운 재능을 보이기도 한다. 예컨대, 기억이나 암산, 음악 등에서 천재적인 능력을 발휘한다. 미국의 뇌 과학자 브루스 밀러 교수는 서번트 증후군에 걸린 사람의 뇌에서 특정 부분, 즉 측두엽의 이상 징후를 발견했다. 왼쪽 측두엽의 자물쇠가 손상되어 있다고 하는데, 그래서 정상적인 사람의 좌뇌 측두엽의 열쇠를 인위적으로 무력화시키면 보통 사람도 서번트 증후군의 사람들과 같은 놀라운 능력을 발휘할 수 있지 않을까 추측하는 학자도 있다.

인간의 지능을 넘어선 인공 지능

우리는 인간의 지적 능력을 교육과 훈련을 통해 증진시키려는 노력을 끊임없이 해 왔다. 또한 도구를 활용해 인간의 능력을 확장시키려는 노력도 계속했다. 20세기에는 인간의 지능을 인공적으로 모의하는 인공 지능 연구가 본격화되었다. 애초에 인공 지능을 연구하는 목적은 인간의 지능을 컴퓨터를 통해 구현하는 것이었다. 최근 인공 지능에 대한 논의가 여기저기에서 이루어지면서 인간의 능력을 뛰어넘는 인공 지능에 대한 관심과 우려가 함께 생겨나고 있다.

현재 인공 지능이 어떤 면에서는 인간을 능가하고 있다. 가장 잘 알려진 것이 계산 능력과 기억 능력이다. 얼마 전에 인간과 세기의 바둑 대결을 펼친 알파고의 능력을 언급하지 않더라도 우리는 이미 오래전에 전자계산기를 통해 그 가능성을 알아차렸다. 컴퓨터의 성능이 향상되면서 아주 복잡한 계산도 컴퓨터는 척척 해낸다. 그런 능력 덕분에 인간이 하는 놀이 가운데 가장 복잡한 계산이 필요하다고 여겼던 바둑에서 인공 지능이 인간을 압도했다.

특정한 능력에서 인간을 능가하는 인공 지능은 얼마든지 예를 들 수 있다. 1970년대에 미국 스탠퍼드대학교에서 개발된 전문가 시스템 마이신(MYCIN)은 인간 전문의에 못지않은 진단 능력을 보여 주었다. 전문가 시스템은 정보의 저장과 처리 면에서 인간을 능가하는 컴퓨터의 특성을 활용한 것이다. 오늘날 IBM의 슈퍼 컴퓨터 왓슨을 의료 진단을 위해 사용한다면 아마 전문의의 진단 정확도를 능가할 것이다. 또한 왓슨을 특정 정점에 대한 토론 논거를 발견하도록 프로그램 한 결과, 찬성과 반대의 가장 우력한 논거들을 찾아냈다는 보고가 있다.

왓슨은 IBM이 개발한 전문가 시스템으로 2011년에 미국 TV 퀴즈 프로그램인 제퍼디에서 인간 챔피언들을 물리치고 우승을 차지했다. 왓슨은 자연 언어 인식 영역에서 놀라운 능력을 보여 주었다. 그 밖에도 주식 시장 분

2011년 미국 TV 퀴즈 프로그램 제퍼디에 출연한 IBM의 인공 지능 왓슨

석, 신문 기사 작성 등 고도의 지적 능력이 요구되는 분야에서 인공 지능이 성과를 내고 있다.

부분적으로 인간의 특정한 능력을 능가하는 인공 지능이 등장하기는 했지만 아직 인공 지능이 인간의 능력을 전반적으로 흉내 내지는 못하고 있다. 그래도 지금까지의 성과에 힘입어 인간의 능력에 육박하는, 아니 능가하는 인공 지능의 출현을 기대하는 사람들이 있다. 인간의 지능은 계산 능력, 기억 능력, 판단 능력 이외에도 창의력, 상식 추론 능력, 사회적 직관 능력, 공감 능력, 정서 능력 등 그 폭이 넓고 깊은데, 영국의 미래학자이자 철학자인 닉 보스트롬은 머지않은 미래에 인간의 지능 전반을 흉내 낼 수 있는 인공 일반 지능이 등장할 것이라고 예견했다.

인공 일반 지능이 등장하면 인공 지능은 인간의 지능을 능가하는 길로 들어설 것이다. 그리고 머지않아 인간의 지능을 월등하게 뛰어넘는, 다시 말해 우리가 지금까지 예상하지 못했던 놀라운 지능을 보여 주는 인공 지능이 탄생할 것이다. 보스트롬은 이런 인공 지능을 '초지능'이라고 부른다. 초지능은 과학적 창의성, 일반적 지혜, 사회적 지능 등 실제적인 모든 영역에서 인간 두뇌를 크게 능가하는 지능을 말한다.

영화 〈바이센테니얼 맨〉에 등장하는 안드로이드 로봇 앤드류 정도면 인공 일반 지능에 가까울까? 앤드류는 창의성을 지니고 있고 감성도 지니고 있다. 하지만 〈스타트렉〉의 인공 지능 승무원 데이터와 같은 정보 처리 능력을 갖추고 있지는 않다. 영화 〈채피〉의 주인공인 휴머노이드 로봇 채피는 인간의 감정을 흉내 내고 고민하는 행동도 하지만 창의성이나 과학적 탐구 능력, 고도의 정보 처리 능력 등을 보여 주지는 못한다. 그러니 인공 일반 지능에 이르는 길이 아직도 얼마나 멀었는지는 짐작할 수 있을 것이다.

초지능이 정말 출현할까?

보스트롬은 초지능을 다음과 같이 설명했다.

"초지능이 풀 수 없는 문제, 혹은 초지능이 인간이 푸는 것을 돕지 못하는 문제란 없다. 질병, 가난, 환경 파괴, 모든 종류의 불필요한 고통 등……. 초지능은 나노 기술과 밀접하게 연관되어 있다."

공학자이자 미래학자인 레어 커즈와일 역시 보스트롬과 마찬가지로 나노 기술이 초지능의 출현에 밀접하게 연관되어 있음을 주장했다. 나노 기술과 결합한 초지능은 무엇이든 할 수 있다. 초지능은 우리에게 무한한 수명을 줄 수 있다. 나노 의학을 통해 노화 현상을 멈추거나 역전시키고, 우리 몸을 업그레이드할 수도 있다.

커즈와일은 초지능의 출현이 인간 수준의 인공 지능만 등장한다면 얼마든지 가능한 일이라고 말했다. 인간 수준의 인공 지능에서 초지능으로 진화하는 것은 어렵지 않다는 것이다. 이것은 인공 지능이 인간의 지능과 다른 특성을 지녔기 때문이다. 인공 지능은 쉽게 지식을 공유한다. 인간은 지식이나 기술을 타인과 쉽게 공유하기 어렵다. 인간에게는 고된 노력을 요구하는 학습과 훈련의 시간이 상당히 필요하다. 그리고 이런 학습과 훈련은 인간 개개인이 받는 것이지 누구도 타인을 대신해 줄 수 없다. 그리고 지식이나 기술은 개인에서 개인으로 전승된다. 전승되는 대상이 다른 세대의 사람이라면 세대 간의 전승이라고도 부를 수 있다.

이에 반해 인공 지능은 쉽게 지식이나 기능을 이전하고 공유할 수 있다. 기계는 인간과 달리 자원을 공유한다. 인공 지능도 사람과는 다른 방식이지만 학습의 절차가 필요하다. 정보를 분류해서 입력하고, 한 문장씩 학습하는 과정도 필요하다. 하지만 인공 지능은 단 한 번의 학습에 성공하면, 그 성과를 모든 인공 지능과 공유할 수 있다. 얼마든지 사본을 만들 수 있기 때문

이다. 사람이 여럿 모이면 한 사람보다 더 나은 능력을 발휘할 수는 있지만 두뇌 능력이 사람의 수만큼 커지는 것은 아니다. 하지만 기계들은 여러 대가 모이면 그 능력이 수만큼 더해진다. 전 세계에 있는 수천만 대의 PC를 하나로 묶으면 엄청난 성능의 슈퍼 컴퓨터처럼 활용할 수 있다.

인공 지능의 기억 능력은 인간을 월등히 능가한다. 기억의 용량이나 정확도 그리고 기억을 활용하는 능력은 이미 입증되었으며 더욱 발전하고 있다. 또한 인공 지능의 정보 처리 능력은 하드웨어 측면과 소프트웨어 측면 모두 날로 발전하고 있다. 또 한 가지 중요한 점은, 인공 지능은 언제나 최고의 기술을 최고의 수준으로 수행할 수 있다는 것이다. 인간은 사람마다 가진 기술이 다르고 같은 기술이라도 사람마다 숙련도에 차이가 있지만, 인공 지능은 각각의 사람이 가진 최고의 기술을 모두 가질 수 있다. 따라서 인공 지능이 작곡을 한다면 최고의 작곡가처럼 작곡할 것이고, 어떤 제품을 만든다면 그 분야 최고의 장인처럼 만들 것이다. 인공 지능은 생물학적 지능과 다른 방식으로 학습하고 발전하기 때문에, 인공 일반 지능이 등장한 이후에는 인공 지능이 인간의 생물학적 지능과 모든 분야에서 동등해지거나 그것을 능가하는 것은 시간문제이다.

지능 폭발과 초지능의 출현

인간 수준의 인공 지능에서 초지능으로 진화하는 일은 현재 상태의 인공 지능이 인간 수준의 인공 지능으로 진화하는 것보다 훨씬 빠른 속도로 진행될 것이다. 인간 수준의 인공 지능이 출현하는 데에 있어 중요한 것 가운데 하나가 하드웨어의 발전이다. 현재까지 하드웨어는 마이크로 칩이 개발된 이후 무어의 법칙에 따라 놀라운 속도로 발전했지만, 인간의 수준에 근접하는 인공 지능이 등장하려면 지금의 하드웨어 성능과는 비교조차 할 수 없는 높은 수준의 하드웨어 성능이 필요하다. 이를 가능하게 하는 것이 나노 기술일 것이다.

이른바 강한 인공 지능을 구현할 수 있는 하드웨어는 나노 기술을 통해 만들어질 것이다. 인공 지능 연구를 약한 인공 지능과 강한 인공 지능으로 구분하는데, 전자는 인간의 마음을 연구하는 수단으로 인공 지능을 연구하는 것이고, 후자는 인간의 지능을 컴퓨터로 모방하는 것을 목표로 하는 연구이다. 따라서 강한 인공 지능은 인간의 지능을 컴퓨터로 그대로 구현하는 것을 말한다. 컴퓨터 칩을 예로 들면, 나노 칩은 현재의 마이크로 칩에 비교하면 동일한 평면에서 100만 배의 집적도를 달성할 수 있다. 단순하게 말하면, 나노 칩을 장착한 컴퓨터는 마이크로 칩을 장착한 컴퓨터보다 100만 배 이상의 성능을 보여 줄 것이다. 소프트웨어 측면에서도 마찬가지이다. 커즈와일은 "나노봇들이 뇌 기능을 고해상도로 스캔하여 완벽하게 역분석을 마쳤을 때, 강한 인공 지능에 걸맞은 소프트웨어가 탄생할 것이다."라고 말했다.

이 문제와 관련하여 커즈와일은 두 가지 시나리오를 언급했다. 나노 기술의 성공으로 나노 컴퓨터가 등장하고 그것을 토대로 강한 인공 지능이 출현하는 시나리오가 그 하나이다. 이것은 강한 인공 지능이 가능하기 위해서 하드웨어 면에서 기술적 혁신이 여러 차례 일어나야 한다는 것이다. 또 하나의 시나리오는 강한 인공 지능이 성공을 거두고, 그리하여 여러 가지 난점들을 극복하고 나노 기술이 전면적으로 발전한다는 것이다. 이것은 나노 기술의 성공을 위해서는 굉장한 컴퓨팅 능력이 필요하다는 것을 말한다. 커즈와일은 이 두 가지 시나리오 가운데 나노 기술이 먼저 성공을 거두어 강한 인공 지능의 등장을 가능케 할 것으로 보고 있다.

강한 인공 지능이 단 하나라도 등장하면, 그것은 곧 수많은 강한 인공 지능들을 낳을 것이다. 강한 인공 지능들은 자신들의 설계를 터득하고 스스로 개량함으로써 원래보다 더 나은 인공 지능으로 진화할 것이기 때문이다. 이와 같은 진화의 주기는 무한히 반복될 것이며, 한 주기를 거듭할 때마다 이전보다 더 나은 인공 지능이 탄생할 것이다. 그리고 그 한 주기에 소요되는 시간도 더 짧아질 것이다. 강한 인공 지능의 등장은 이런 식으로 하여 지능 폭발을 가져올 것이다. 그리고 지능 폭발을 통해 마침내 초지능이 탄생할 것이다. 학습력, 이해력, 판단력, 창의성, 사회적 지능, 일반 지혜, 정서 등 모든 면에서 인간을 월등하게 능가하는 인공 지능이 출현할 것이다. 그리고 초지능은 더 나은 초지능으로 거듭 진화할 것이다.

초지능은 희망일까, 절망일까?

초지능의 출현은 인간 세상을 지금까지와는 다른 차원으로 돌고 갈 가능성이 크다. 어떤 이들은 초지능의 출현으로 완전한 기술 유토피아가 도래할 수 있다고 말한다. 반대로 초지능의 출현으로 인류에게 전례 없는 위기가 닥칠 수도 있다. 초지능이 등장하면, 이론적으로 가능하다고 생각했지만 지금까지는 어떻게 실현될지 알 수 없었던 기술들이 현실화될 것이다. 예컨대, 분자 제조 기술, 나노 의학 기술, 인간 능력 향상 기술, 우주 식민지 건설용 자기 복제 로봇 등 나노 기술에 속하는 대부분의 것들이 실현될 것이다. 그뿐이 아니다. 계획을 세우고 전략을 수립하는 작업과, 철학적 문제를 해결하는 작업 등 아주 어렵고 복잡한 문제에서도 놀라운 능력을 보여 줄 것이다.

"초지능은 우리가 지적, 감정적 능력을 좀 더 넓게 펼칠 기회를 만들어 줄 것이다. 굉장히 멋진 경험이 가득한 세상을 만들도록 도와줄 것이며, 그 속에서 우리는 게임을 즐기고, 사람들과 교류하고, 경험을 쌓고, 자아를 성장시키고, 꿈에 가깝게 살아갈 것이다."

보스트롬의 이 말처럼만 된다면, 초지능은 인류에게 유토피아로 가는 길을 열어 줄 것이다.

기술의 발전을 통해 유토피아를 건설할 수 있다는 생각은 17세기 영국 철학자 프랜시스 베이컨으로 거슬러 올라간다. 베이컨이 미완성 소설인 《새로운 아틀란티스》에서 그린 유토피아는 과학적 지식과 기술의 발전을 통해 이룩된 세상이다. 과학은 자연에 대한 지식을 의미하고, 기술은 과학을 자연에 적용해 삶에 필요한 자원을 얻는 방법을 말한다. 베이컨은 인간의 삶의 터전을 자연이라고 이해했고, 자연에 대한 이해와 지식의 증진 그리고 그것을 활용하는 기술 발전으로 인류가 물질적 풍요를 누림으로써 모두가 잘 사는 세상을 만들 수 있다고 믿었다.

유토피아를 향한 베이컨의 길은 토마스 모어의 길과 달랐다. 모어는 누구나 일할 수 있도록 체제가 정비된 세상, 절제와 도덕을 통해 질서 잡힌 조화로운 세상을 생각했다. 모어는 정치적 폭력과 경제적 모순으로 대다수의 서민이 빈곤과 폭력으로 신음하던 시대에 누구나 인간다운 삶을 살 수 있는 세상을 꿈꾸었다. 그래서 모어는 한정된 자원을 잘 나누는 방도를 생각했다. 반면에 베이컨은 자원의 양을 늘리는 쪽을 선택했다. 과학과 기술을 통해 인류가 얻을 수 있는 자원을 크게 늘리면 모두가 풍요를 누릴 수 있는 세상을 만들 수 있다고 생각했다.

초지능이 인류를 유토피아로 한 발자국 다가설 수 있도록 도와줄까? 초지능에 대한 보스트롬의 언급은 지나치게 낙관적이다. 초지능을 인간의 통제 범위 안에 남겨 둘 수 있을까? 그렇게 되면 인간의 이득을 위해 초지능을 활용할 수 있을 것이다. 하지만 그럴 경우에도 초지능이 언제나 선의로만 활용된다는 것, 또 악한 사람의 손에 들어가지 않는다는 것을 보장할 길은 없다.

초지능은 인간의 통제로부터 상당히 벗어나 있지 않을까? 그리고 초지능이 악한 태도를 지닐 수도 있지 않을까? 악한 태도까지는 아니더라도 인간의 이익을 가장 우선적으로 고려하지 않고, 심지어 인간의 이익에 반하는 태도를 보일 수도 있지 않을까? 그렇게 된다면, 초지능은 인류에게 더없는 재앙이 될 가능성이 있다. 그래서 보스트롬은 인공 일반 지능을 설계할 때, 우리가 만들어 넣는 초기 조건이 매우 중요하다고 말했다. 인공 지능을 어떻게 인간 친화적인 것으로 만들 것인가 하는 문제를 중대하게 다룰 것을 강조했다.

이러한 문제는 자율형 로봇의 실현이 구체화되면서 기계 윤리라는 새로운 학문을 통해서도 연구되고 있다. 과거의 인공 지능 로봇은 인간이 만든 프로그램에 따라 제한적인 행동을 했다. 하지만 자율형 로봇은 다양한 돌발 상황에 대해 스스로 상황을 판단하여 행동을 결정한다. 이럴 경우에 인간은 인공 지능 로봇이 주어진 일을 제대로 하는지의 여부뿐만 아니라 인공 지능이 윤리적으로 행동하는지도 충분히 생각해야 한다. 인공 지능이 윤리적으로 행동하도록, 다시 말해 비윤리적인 행동을 하지 않도록 하기 위해서는 인공 지능의 프로그램 안에 윤리 코드, 이를테면 윤리적 규범이나 법칙을 코드화하여 포함시켜야 한다. 현재 기계 윤리학자들은 인공 지능 로봇의 행동을 규제하는 윤리적 행동 규칙을 어떤 방식으로, 어떤 원리에 따라 구현할 것인지에 대해 연구하고 있다.

3 인공 지능

로봇 저널리즘,
인공 지능이
우리의 일자리를
빼앗아 갈까?

단편 만화로 시작하여 40년 이상 장수하고 있는 일본의 TV 애니메이션 〈도라에몽〉은 집에서 키우는 고양이와 장난감 오뚝이를 결합해 만든, 도라에몽이라는 이름의 로봇과 말썽꾸러기 소년의 우정을 그렸다. 도라에몽은 22세기의 후손이 열등한 조상, 진구를 돕기 위해 미래에서 보낸 만능 로봇이다. 도라에몽은 4차원 주머니 속에서 온갖 마법 도구를 꺼내 진구를 돕는다. 〈도라에몽〉은 지금까지 1000편 이상의 에피소드가 만들어졌는데, 그중에는 진구를 대신해서 숙제를 해 주는 로봇을 소재로 한 것도 있다. 숙제를 해 주는 로봇은 아마 많은 초등학생이 가장 바라는 로봇일 것 같다.

18세기 유럽에서는 시계의 기계 장치가 발전함에 따라 다양한 자동 기계들이 발명되었다. 스위스의 드로즈 형제가 1770년에 만든 스크라이브라는 이름의 자동 인형은 펜으로 글을 쓰거나 그림을 그릴 수 있었다고 한다. 이 자동 인형은 태엽 장치에 의해서 작동했는데, 이것을 더 발전시켰으면 사람 대신 글을 쓰거나 그림을 그릴 수 있었을지 모르겠다.

로봇이나 기계로 인간의 일은 대신한다는 생각은 오래전부터 있었다. 하기 싫은 숙제를 로봇이 대신해 준다면, 고된 노동을 대신해 줄 로봇이 있다면 얼마나 좋을까? 로봇이라는 말을 처음 사용한 체코슬로바키아의 극작가 카렐 차페크는 《로숨의 유니버설 로봇》에서 인간의 노동을 로봇이 대신하는 미래 사회를 묘사했다. 그런데 흥미롭게도 메소포타미아 문명의 꽃을 피운 수메르인의 창조 신화에는 신을 대신하여 노동할 존재로 인간이 탄생했다고 나와 있다.

로봇 저널리즘이란 무엇인가?

'인간을 대신하는 기계'에 대한 생각은 오늘날 인공 지능이 보여 준 위력들로 인해 절정에 이르고 있다. 인간의 반복적인 작업을 기계가 떠맡은 것은

20세기에 일어난 일이다. 컨베이어 벨트가 있는 식품 제조 공장의 자동 생산 라인이나 자동차 조립 공장의 자동차 부품 조립 라인을 떠올리면 될 것이다. 오늘날 인공 지능은 반복 작업 같은 단순 노동을 넘어서 데이터 분석과 예측, 의사 결정 등 인간의 고등한 사고 활동을 대신할 수 있다.

신문 기자가 되기 위해서는 어려운 과정을 거쳐야 한다. 특히 우리나라에서는 직업으로서 신문 기자에 대한 관심이 높다. 어려운 시험과 높은 경쟁률을 통과해야 주요 신문사의 기자가 될 수 있다. 그리고 상당 시간의 훈련 과정을 거쳐야 제대로 된 기사를 쓸 수 있다. 기사를 작성하는 것은 그만큼 어려운 일이고, 사람들은 기자를 고도의 지적 작업을 하는 직업이라고 생각한다. 그런데 최근에 기사를 작성하는 인공 지능이 등장했다. 이른바 로봇 저널리즘 혹은 알고리즘 저널리즘이라고 불리는 것인데, 이것은 알고리즘을 이용해 기사를 자동으로 생성하는 소프트웨어를 기초로 한 저널리즘이다.

미국의 종합 일간지 〈뉴욕 타임스〉, 경제 전문지 〈포브스〉, AP 통신사 등 세계적인 미디어들이 이미 로봇 저널리즘을 이용하고 있다. 그리고 인공 지능을 이용해 기사를 작성하는 새로운 형태의 미디어 업체도 등장했다. 대표적으로 오토메이티드 인사이츠라는 이름의 온라인 콘텐츠 회사는 2013년에 약 3억 건의 기사를 생산하여, 월 평균 1만 5천 건의 기사를 미국의 주요 언론사에 판매했다고 한다. 이 회사의 기사 작성 프로그램은 사람으로서는 상상할 수 없는 속도로 기사를 생산했다. 2013년에 초당 약 9.5건의 기사를 작성했다.

인공 지능이 생산하는 기사는 축구나 야구 경기의 결과에 대한 기사처럼 단순한 보도 기사이다. 이런 기사들은 일정한 형식을 갖추고 있기 때문에 기사의 전형적인 패턴을 정해 놓을 수 있다. 경기 내용이나 결과에 관한 부분은 빈칸으로 남겨 두고 자동으로 채워 넣는 방식으로 기사의 틀을 만들어 놓는 것이다. 이렇게 하면 경기 결과에 대한 데이터가 입력되었을 때 정해진 형식대로 경기에 관한 보도 기사가 생산된다.

인공 지능이 생산하는 기사는 스포츠 기사만이 아니다. 금융 기사도 인공 지능으로 자동 생산되고 있다. 내러티브 사이언스라는 회사는 금융 기사를 인공 지능으로 작성해서 미디어 기업에 판매하고 있다. 스포츠 기사와 금융 기사는 물론 단순한 보도 형태의 기사들이 앞으로 모두 인공 지능에 의해 생산될 것이라는 전망은 설득력이 있다.

인공 지능이 생산한 기사는 사람이 작성한 기사와 달리 완성도가 떨어지거나 독자에게 거부감을 줄 것이라고 예상되지만 실제로는 그렇지 않다. 지금까지 몇 차례의 실험을 한 결과 독자들은 모두 인공 지능이 작성한 기사와 신문 기자가 작성한 기사를 대부분 구분하지 못했다. 기사에 대한 선호도 역시 신문 기자가 작성한 기사가 인공 지능이 작성한 기사보다 높지 않았다. 인공 지능이 작성한 기사는 정확성과 신뢰성, 객관성 면에서 인간 기자가 쓴 기사보다 높은 평가를 받았다.

로봇 저널리즘의 미래 모습은?

로봇 저널리즘은 이제 막 시작하는 단계에 있다. 앞으로 로봇 저널리즘의 발전 가능성은 매우 높다. 현재 로봇 저널리즘은 사실적인 정보에 기초한 기사에 한정된다. 독특한 분석과 개인적인 평가를 포함한 전문적인 분석 기사나 칼럼을 인공 지능이 작성하는 것은 기대할 수 없다. 하지만 언제까지 로봇 저널리즘이 이 수준에 머물지는 알 수 없다. 학습하는 능력을 가진 로봇 저널리즘은 앞으로 지속적으로 데이터를 축적하고 기사 작성 과정을 학습해 미래에는 인간 기자에 버금가는 기사 작성 능력을 갖출지 모른다.

로봇 저널리즘의 도입은 긍정적으로 보면 미디어의 다양화와 고급화를 불러올 수 있다. 자동화된 기사 작성 시스템으로 인해 기자들의 업무량이 감소할 것이고, 기자들이 그 시간을 심층적인 기사를 작성하는 데 할애할 수 있을 것이다. 로봇 저널리즘은 예보 기사를 향상시킬 것이다. 예컨대, 〈로스앤젤레스 타임스〉의 퀘이커봇이라는 소프트웨어는 미국 지질 조사국의 데이터를 활용해 특정 강도 이상으로 지진이 발생할 때 자동으로 기사를 작성한다.

드론과 로봇 저널리즘의 결합은 르포 기사의 새로운 장을 열 것이다. 위험을 동반하는 취재에 드론을 활용함으로써 기자가 감수해야 하는 위험을 크게 줄일 수 있을 것이다. 분쟁 지역이나 사고 현장에서 위험 없이 취재할 수 있으며, 사람이 취재하기 힘든 지역과 시간에도 취재가 가능하다. 그리고 드론이 수집한 데이터를 활용해 인공 지능이 자동으로 기사를 작성한다면 사람보다 신속하게 취재하는 동시에 기사를 생산할 수 있을 것이다.

전쟁 보도는 저널리즘의 자존심이다. 전쟁에 종군하며 분정 지역의 상황과 아군과 적군의 상황 등을 보도하는 신문 기자나 카메라 기자를 종군 기자라고 한다. 세계 최초의 종군 기자는 〈런던 타임스〉의 러셀이라는 기자이다. 그는 크림 전쟁에 종군했으며, 그의 기사는 나이팅게일에게도 영향을 미쳤다고 한다. 그리고 적십자 설립의 계기를 제공했다고 한다. 역사적으로 유명한 인물들 가운데 종군 기자가 여럿 있다. 세계적인 대문호 어네스트 헤밍웨이는 그리스–터키 전쟁에 종군 기자로 참여했으며, 제2차 세계 대전을 연합국의 승리로 이끈 영국의 수상 윈스턴 처칠은 보어 전쟁에서 종군 기자였다. 드론 기술과 결합된 로봇 저널리즘은 장차 인간을 대신해 종군 기자의 역할을 훌륭하게 대신할 수 있을 것이다.

로봇 저널리즘은 저널리즘의 미래를 짐작케 한다. 로봇 저널리즘을 활용하면 개인 맞춤식 기사를 작성할 수 있을 것이다. 개인화된 기사는 독자가 기사를 읽으면서 자기 얘기를 보는 듯한 느낌을 받게 할 것이다. 예컨대, 인천광역시에 관한 지역 기사에서 일부의 내용만 현재 기사를 읽고 있는 김철수 교수에 관한 내용으로 채울 수 있기 때문이다. 독자의 IP 주소를 통해 독자에게 특화된 맞춤 기사를 제공하는 방식으로 이런 일이 가능하다. 신문에서 기사를 읽을 때 자신의 일처럼 느껴진다면 그만큼 기사의 설득력이 높아지고 기사에 대한 몰입도가 높아질 것이다.

독자에 대한 정보를 충분히 수집할 수만 있다면, 개별 독자들의 특성에 맞춘 다양한 종류의 기사를 생산할 수 있다. 예컨대, 지역 축구 대회의 소식이 주요 신문에 기사로 날 가능성은 없지만, 열렬한 축구 팬인 박윤길 씨는 이런 기사에 대한 관심이 높다. 로봇 저널리즘은 박윤길 씨를 위해 지역 축

구 대회 소식을 기사로 제공할 수 있다. 그리고 알레르기 환자들에게는 맞춤형 날씨 기사나 식생활 기사를 제공할 수 있을 것이다.

인간의 일을 대신하는 인공 지능들

인공 지능이 대신할 수 있는 인간의 일, 특히 고등 사고 영역이라고 생각되는 일은 신문 기사를 작성하는 것만이 아니다. 의료, 법률 서비스, 금융, 교육 등 이른바 전문가들의 활동 무대에서 첨단 인공 지능이 인간의 일을 상당 부분 대신할 수 있을 것이다. 인공 지능이 전문가의 영역에서 활약할 가능성은 이미 1980년대 초에 전문가 시스템의 연구가 활발할 때 인정받고 있었다. 전문가란 특정 분야에서 인정되는 지식에 통달하고, 해당 분야에서 사용되는 기법이나 기술에 숙달된 사람을 말한다. 실제로 전문가 시스템은 기업이나 연구소, 정부 기관 등에서 효과적인 도구로 활용되어 왔다.

오늘날 인공 지능은 과거 전문가 시스템 이상의 일을 할 수 있을 것으로 예상된다. 전문가 시스템은 단순히 인간의 활동을 보조하는 수단이었지만, 앞으로 인공 지능은 인간의 활동을 대신할 수 있을 것으로 보인다. 가까운 장래에 인공 지능이 인간을 대신할 수 있을 것으로 예상되는 대표적인 분야들을 몇 가지 살펴보자.

2011년에 제퍼디라는 미국 TV의 퀴즈 프로그램에서 인간 챔피언들을 꺾고 우승을 차지한 IBM의 슈퍼 컴퓨터 왓슨은 현재 미국의 암 센터에서 암 환자를 진단하는 역할을 하고 있다. 이미 1970년대 초에 미국의 스탠퍼드 대학교에서 개발한 전문가 시스템 마이신이 전염성 혈액 질환 환자를 진단하고 항생 물질을 처방하는 일을 할 수 있었는데, 적합한 처방을 내린 경우가 69%였다고 한다. 전문의의 경우에 적합한 진단과 처방을 할 확률은 평균 80%라고 한다. 마이신이 40년 이전의 것이었다는 것을 감안하면 왓슨의 진단 및 처방의 정확도는 이미 전문의 수준을 넘어섰다고 보아야 할 것 같다. 왓슨은 암 환자의 증상과 유전자, 병력 등을 고려해 작성된 60만 건의 연구 논문, 150만 명의 환자 기록과 임상 실험 결과 그리고 200만 쪽에 이르는 의학 저널 정보를 가지고 있다. 왓슨은 이 자료들을 활용하여 암 환자를 진단한다.

법률 서비스 분야에도 이미 인공 지능이 도입되었다. 베이커 앤 호스테틀러라는 미국의 대형 법무법인에서 2016년 로스라는 이름의 인공 지능 변호사를 도입했다. 로스는 캐나다의 토론토대학교 출신들이 만든 로스 인텔리전스라는 기업에서 개발한 것이며, IBM의 슈퍼 컴퓨터 왓슨을 플랫폼으로 삼는다고 한다. 로스는 현재 파산 관련 업무 부서에 배치되었으며, 수임한 재판에 관련된 판례를 검색해 변호사들에게 도움이 될 만한 자료를 제공하는 역할을 한다. 이런 업무는 로스쿨을 갓 졸업한 초보 변호사들이 맡았던 일이었다. 그런데 개발자들에 따르면, 로스는 단순히 판례를 검색하는 일만 하는 것이 아니라 변호사의 질문에 대해서 관련 법률과 사례를 분석해 답변까지 할 수 있다고 한다. 로스는 담당 변호사들과 충분히 상호 작용하면서 재판을 진행할 수 있다는 것이다. 변호사들은 로스에게 재판과 관련한 가설을 세우게 할 수도 있고 로스가 세운 가설에 관해 질문할 수도 있다고 한다. 현재 로스는 파산 분야 이외에 다른 분야에서도 활동할 수 있도록 학습하고 있다고 한다.

인공 지능이 할 수 있는 일은 앞으로 더욱 늘어날 것이다. 금융업계와 증권업계에서는 이미 서둘러 인공 지능을 도입하고 있으며, 교육 분야에서도 인공 지능의 역할이 클 것으로 예상된다. 인공 지능을 통한 일대일 개인 지도는 교육 환경을 크게 개선할 것으로 기대되기 때문에, 실현되기만 한다면 큰 파장을 불러올 것이다.

인공 지능이 인간의 일자리를 빼앗아 갈 것인가?

인공 지능이 인간의 지적인 작업을 흉내 낼 수 있게 됨으로써 작업의 능률을 높인다든지, 사람들이 좀 더 생산적인 일에 역량을 집중할 수 있다든지, 더 많은 사람들이 전문가의 도움을 받을 수 있게 된다든지 하는 여러 가지 혜택이 생겼다. 하지만 사람들은 인공 지능을 좋은 시선으로 보고 있지 않다. 일차적으로 인공 지능이 인간의 일자리를 빼앗아 갈 것이라고 우려하기 때문이다.

일단 이런 우려는 현실적이다. 실제로 인공 지능으로 인력을 대체하고 구조 조정을 하겠다고 밝힌 기업들이 있다. 영국의 최대 국영 은행 RBS는 인공 지능을 활용한 로보어드바이저 서비스를 확대하고 투자 상담 업무를 담당하던 직원 550명을 해고할 계획이라고 발표했다. 아마도 이런 식의 인력 감축이 계속해서 일어날 것이다.

매년 스위스의 다보스에서 개최되는 세계 경제 포럼인 다보스 포럼은 2016년 보고서에서 인공 지능의 부상으로 5년 뒤에 700만 개 이상의 일자리가 없어질 것이라고 했다. 최근 옥스퍼드대학교의 연구진은 미국의 직업 가운데 47퍼센트가 20년 이내에 자동화될 것이라고 예상했다. 특히 정보 처리를 기반으로 하는 금융과 투자 업계에서는 인공 지능의 역할이 높아지면서 미국 금융계의 일자리 가운데 54퍼센트가 5년 내에 인공 지능으로 대체될 것이라는 예측을 내놓았다.

기계에 의해 인간의 일자리가 빼앗기고 인간의 불안과 두려움이 증폭되는 상황은 19세기 영국의 러다이트 운동을 연상케 한다. 1811년 11월 4일에 잉글랜드 중부 지방의 불웰이라는 마을에서 무장을 한 괴한이 방직 기계 6대를 파괴하는 사건이 벌어졌다. 이후에 영국에서 방직 기계 파괴 운동이 조직적으로 일어났으며 기계를 파괴한 무장 노동자들은 러다이트(Luddite)라고 불렸다. 이 운동은 6년 동안 지속되었는데, 처음 3개월 동안 파괴된 방직 기계만 1100대였다고 한다. 러다이트는 방직업에 평생을 바쳐 온 숙련공들이었는데, 방직 기계의 도입으로 이들의 일자리가 하루아침에 사라져 버렸다. 알파고의 충격 이후 사람들은 인공 지능이 일자리를 대규모로 빼앗아 가는 사건을 불러오지 않을까 두려워하고 있다.

하지만 모든 사람들이 인공 지능과 같은 새로운 기술의 등장에 대해 비관적으로 보고 있지는 않다. 2015년 영국에서 개최된 '직업의 미래' 포럼에서 구글의 에릭 슈미트 회장은 기술이 일자리 혁명을 가져올 것이라는 낙관론을 펼쳤다. 슈미트는 기술의 발전과 미래의 불안을 연관 짓는 것은 근거 없는 일이라고 말한다. 기술의 발전으로 인해 사라지는 일자리가 있겠지만, 그것은 일자리의 절대적인 감소가 아니라 일자리의 변화로 보아야 한다고 했다. 다시 말해, 인공 지능으로 인해 많은 일자리가 사라지겠지만 또한 많은 새로운 일자리가 생겨날 것이라는 말이다. 슈미트 회장은 인터넷을 통한 지원 프로젝트들이 활성화되어 아프리카의 어린이들이 교육을 받고 각종 질병 치료를 받는 등 새로운 기회가 주어질 것이라고 말했다. 또한 미국의 대표적인 블로그 뉴스인 허핑턴 포스트의 아리아나 허핑턴 대표도 기술의 발달이 일자리 감소를 불러오지 않을 것이라고 말했다. 허핑턴 대표는 기술의 발달로 기계가 사람의 일자리를 대체할 것이라는 우려는 사실이 아니며, 오히려 굉장히 많은 새로운 일자리가 생길 것이라고 주장했다.

우리는 왜 일하는가?

사람은 일은 한다. 어떤 사람은 열심히 일하고, 어떤 사람은 건성으로 일한다. 어떤 사람을 할 일이 넘치고, 어떤 사람은 하고 싶어도 할 일이 없다. 요즘처럼 취업난이 심한 시기에는 일을 하고 싶어도 할 수 없는 사람들이 있다. 그리고 세상은 계속 할 일을 찾지 못한 사람을 낙오자 내지는 실패자 취급을 한다. 우리에게 일이란 무엇일까?

먼저 일을 한다는 것은 생존에 필요한 물자를 얻는 길이다. 원시 시대처럼 자연을 대상으로 노동을 하든, 산업 사회에서처럼 직장에 취직해 일을 하든, 우리는 일을 함으로써 생계에 필요한 물자를 얻는다. 그러니까 일하지 않으면 살 수 없다는 것이다. 세상 사람들이 할 일을 찾지 못한 사람을 낙오자 취급하는 것은 그들이 어른이 되어도 자신의 생계를 스스로 책임질 수 없기 때문이다. 그렇게 되면 누군가에게, 즉 부모나 사회에 의존해서 살 수밖에 없다. 또한 자신이 생계를 책임질 가정을 꾸릴 수도 없다. 그러니 그들을 실패자로 취급하는 것이다.

이렇게 보면 일은 단순히 자신의 생계를 위해 자원을 획득하는 행위에 그치지 않는다. 일을 하는 것은 한 공동체 속에서 성인으로서 특정한 역할을 하는 것이다. 사람은 공동체를 이루어 함께 살고 있으며, 공동체를 유지하기 위해서는 다양한 역할이 필요하다. 공동체의 구성원이 기본적으로 해야 일이 있는가 하면, 구성원 각각 맡아야 하는 일도 있다. 사람들이 하는 일은 그것이 어떤 일이든지 공동체의 유지와 구성원들의 삶에 기여하는 것이다. 인간이 사회적 존재라는 사실은 고대 그리스 철학자 아리스토텔레스를 비롯하여 많은 사상가들이 강조해 온 점이다.

일을 한다는 것은 개인의 행복에 기여하며 자아를 실현하는 길이기도 하다. 우리 각자가 타고난 재능과 소질을 갈고 닦는 것은 자기를 완성하는 것인데, 일을 한다는 것은 이것과 깊은 연관이 있다. 유년기와 청소년기를 겪으면서 갈고 닦은 소질을 세상에서 필요로 하는 일에 발휘할 수 있기 때문이다. 어떤 사람들은 하고 있는 일이 적성에 맞지 않아 억지로 일을 하거나 괴로워하며 일을 한다. 그런 사람들에게 일은 생계유지를 위한 수단, 좀 더 거칠게 말하면 호구지책에 불과하다. 하지만 어떤 사람은 행복해하며 일을 한다. 혹은 한동안의 방랑 후에 자신이 하고 싶은 일을 발견하고 행복해한다. 일을 함으로써 우리는 나를 발견하고, 나를 발전시켜 갈 수 있다. 이런 종류의 일은 우리에게 만족과 행복감을 가져다준다.

19세기 영국에서 러다이트들이 기계를 부수고 그토록 분노한 이유는 단지 생계 수단을 잃어서가 아니었다. 러다이트들은 자신들이 평생을 투자해 배운 기술이 무용지물이 되었음을 깨달았다. 그것은 사회로부터 쓸모없는 존재로 취급받고 버림받았다는 것을 의미하기도 했다. 러다이트들에게 방직 기술과 방직 기술자로서의 삶은 그들의 인생 자체였다. 당시에 러다이트들은 홍보 책자를 발간해 자신들이 기계나 기술 자체를 반대하는 것이 아님을 분명하게 밝혔다.

아리스토텔레스는 노동을 가정에서 필요한 필수품을 획득하는 기술로 노예에 의해 이루어지는 것으로 보았다. 그래서 노동으로부터의 해방을 이상 사회의 조건으로 보았다. 인공 지능과 자동 로봇에 의해 인간의 일이 모두 대체된 사회, 그래서 로봇이 일하고 인간은 여가를 즐기는 그런 사회를 상상해 보자. 인공 지능으로 인해 인간이 일자리를 빼앗길지 모른다는 우려는 인간이 더 이상 생계를 꾸릴 수 없게 된다는 생각 때문에 생긴 것이다. 만일 인공 지능이 일을 하고, 그 혜택을 사람이 볼 수 있다면 어떨까? 다시 말해서 인공 지능의 등장으로 사람이 일하지 않고도 먹고살 수 있다면 인공 지능이 우리의 일자리를 빼앗아 간다고 걱정하지 않을 것이 아닌가?

꼭 그렇게 생각되지는 않는다. 우리는 왜 일을 하는가? 단지 생계를 위해서 일을 하는 것일까? 만일 그렇다면 인공 지능이 우리의 일자리를 빼앗아 갈 것을 두려워할 것이 아니라 인공 지능이 우리의 일을 대신함으로써 얻는 이득을 소수가 독점할 것을 두려워해야 한다. 만일 인공 지능이 우리 일을 대신함으로써 얻는 이득을 골고루 나눌 방법이 있다면 인공 지능의 발전을 지지하는 편에 서야 하지 않을까?

가상 현실이
우리를
통 속의 뇌로 만들까?

한 무리의 아이들이 컴퓨터가 만든 세상 속에 들어가서 게임을 즐긴다. 배경은 1888년 런던이고, 미궁에 빠진 연쇄 살인 사건의 범인인 살인마 잭을 체포하는 것이 미션이다. 일본 애니메이션 〈명탐정 코난〉 시리즈 가운데 하나인 〈명탐정 코난: 베이커 가의 망령〉은 가상 현실을 이용한 게임을 소재로 다루고 있다. 고치 모양으로 생긴 코쿤이라는 이름의 게임기 속에 들어간 코난과 아이들은 컴퓨터에 의해 오감이 통제된 상태에서 컴퓨터가 제공하는 감각을 마치 현실처럼 느끼며 게임 속 가상 세계에서 미션을 수행해 나간다. 런던의 거리와 건물, 코난이 존경하는 홈즈의 저택, 살인마 잭을 쫓는 추격 장면과 고속으로 달리는 열차, 격투 장면까지 게임 속의 모든 장면은 현실만큼 생생하다.

〈명탐정 코난〉 속의 가상 현실 시스템은 거의 완벽에 가깝다. 실제로는 아직 이런 가상 현실 시스템을 만들 수 없지만, 현재의 가상 현실 시스템도 상당한 긴장감과 몰입감을 만들어 낼 수 있다. 세계에서 가장 높은 빌딩 가운데 하나이며 쌍둥이 빌딩인 뉴욕 세계 무역 센터 빌딩 사이에 줄을 걸고 그 위를 걷는다면 어떤 느낌일까? 우리는 놀이 기구를 탔던 경험에 비춰서 그게 어떤 느낌일지 상상해 볼 수는 있지만, 실제로 느끼기는 어렵다.

세계 무역 센터 빌딩은 지상 412미터 높이의 초고층 빌딩이다. 줄 위를 걷는 것도 힘든데 400미터가 넘는 높이에서 줄 위를 걷는다는 것은 실행하기 힘든 일이다. 그런데 1974년 8월에 프랑스의 곡예사인 필리프 프티가 그 당시 건설 중이던 뉴욕 세계 무역 센터 빌딩 사이에 줄을 걸고 그 위를 걷는 묘기를 실제로 보여 주었다.

프티는 이러한 극한 경험을 주는 묘기를 여러 차례 시도한 것으로 유명하다. 2015년에 프티의 인생 이야기가 〈하늘을 걷는 남자〉라는 제목의 영화로 만들어져 극장에서 개봉되었다. 그런데 영화의 상영을 축하하는 특별 이벤트로 관객을 위한 '공중에서 걷기' 체험 행사가 있었다. 그것은 400미터 높이의 공중을 걷는 것이 어떤 것인지 조금이나마 느껴 볼 수 있도록 가상 현실을 이용한 모의 체험이었다. 높은 곳을 무서워하는 나 같은 사람은 도전해볼 엄두를 낼 수 없었다. 실제 현실이 아니라 컴퓨터로 만들어 낸 모의 현실이지만 마치 실제인 듯한 느낌과 그로부터 오는 공포를 감당할 자신이 없기때문이다. 시각적인 현실감이 주가 되었지만 그것만으로도 온몸이 굳어지고 심장이 멎는 느낌을 받기에 충분했다. 그런데 만일 공중 걷기가 오감으로 구현되는 가상 현실이었으면 어땠을까? 생각만 해도 아찔하다.

현실을 창조하는 기술, 가상 현실

가상 현실 기술은 한마디로 컴퓨터 시스템으로 현실을 모의하는 기술이다. 여기서 모의란 실제의 것을 흉내 내서 그대로 보여 주는 것을 말한다. 가상 현실은 현실의 세계 혹은 상상의 세계를 컴퓨터를 통해 인공적으로 만들어 내 사용자가 그곳에서 마치 현실처럼 보고 느낄 수 있도록 하는 인터페이스 기술이다. 가상 현실 시스템의 사용자는 인공적인 공간 속어서 다른 사용자와 오감을 통해 소통하고 사물들을 현실에서처럼 보고 만지고 느낄 수 있다. 물론 실제로 그러는 것은 아니고 그렇게 느끼는 것이다. 가상 현실 시스템이 우리의 감각을 제어하기 때문에 그런 느낌을 받는 것이다. 가상 현실 시스템은 여러 가지 장비를 이용해 시각, 청각, 촉각, 후각, 미각 등 사용자의 오감을 인공적으로 만들어 내고 사용자는 모의된 현실을 실제 현실처럼 느끼게 된다.

가상 현실은 현실과 유사한 감각을 만들어 내기 위해 몇 가지 특수한 장비들을 사용한다. 가장 일반적인 것이 디스플레이가 달린 헤드셋이다. 고글 형태의 간단한 것도 있는데, 예전에는 머리에 쓰는 디스플레이가 기본 장비였다. 헤드셋을 통해 영상을 보고 소리를 들을 수 있다. 손으로 느낄 수 있는 감각을 모의하는 장비로 데이터 장갑이 있다. 전신의 감각을 모의하기 위해 전신에 입는 데이터 의복을 이용하기도 한다.

가상 현실 시스템의 효시는 1940년대 미국 공군과 항공 산업에서 활용하던 비행 모의 시스템이라고 할 수 있다. 1956년에는 3차원 이미지, 입체 음향, 냄새 등을 이용해 신경 체계를 자극하는 오락 장치인 센소라마 시뮬레이터(Sensorama Simulator)가 개발되었다. 1968년에 가상 현실의 아버지라고 불리는 미국 유타대학교의 이반 서덜랜드 교수가 두 눈에 입체 영상을 보여 주는 장치인 최초의 HMD(Head Mounted Display)를 고안했다. 미국 국방부 산하 연구 기관인 미국 방위 고등 연구 기획국에서 근무한 서덜랜드는 1965년에 발표한 〈궁극적 디스플레이〉라는 논문에서 컴퓨터로 모의한 공간 속에서 사물을 통제할 수 있다는 생각을 제시했다.

가상 현실이라는 용어를 오늘날과 같은 개념으로 사용하고 통용시킨 주인공인 재론 래니어는 직접 가상 현실 장비를 개발하기도 했다. 데이터 글로브라는 이름의 데이터 장갑이 그것이다. 우리는 데이터 장갑을 이용해 팔과 손의 움직임, 손가락의 촉각을 모의할 수 있다.

가상 현실이란 무엇인가?

예전에는 가상 현실을 '인공 현실'이라고 했다. 인공 지능처럼 컴퓨터로 인공적으로 만든 현실이라는 뜻에서 만들어진 말이다. 이 용어는 1970년대에 마이런 크루거가 고안했다. 가상 현실이라는 용어는 1980년대 후반에 미국의 디제라티(digerati)인 재런 래니어가 개념적으로 정립했다. 디제라티는 디지털(digital)과 지식 계급(literati)의 합성어로 디지털 지식으로 무장한 신흥 지식 계급을 가리킨다. 1992년에 〈뉴욕타임스〉에서 처음 사용된 이후 일반

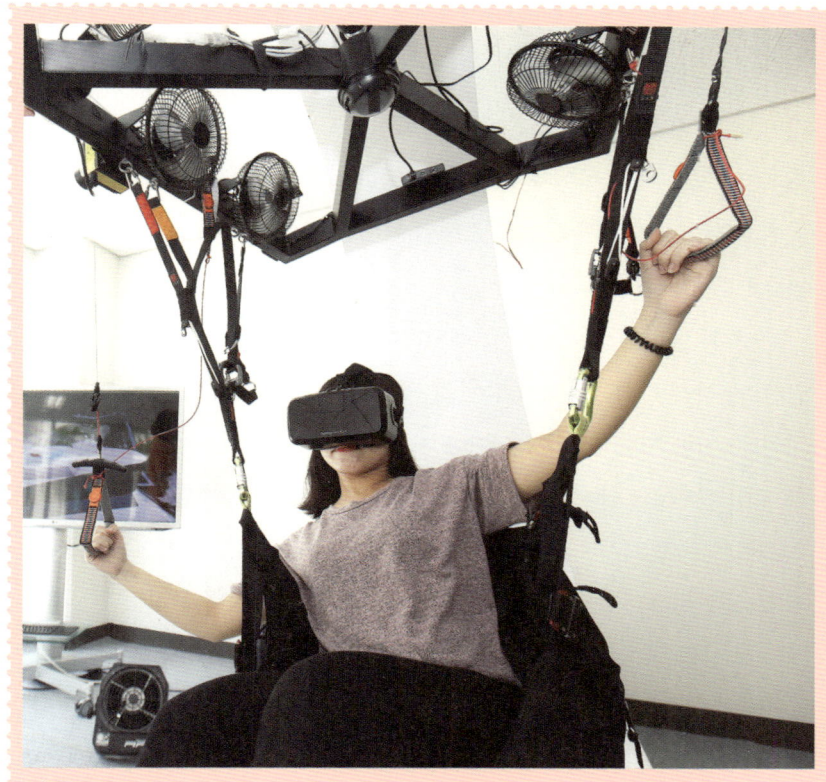

가상 현실로 익스트림 스포츠 '에어 글라이더'를 즐기는 사람

화된 용어이다.

우리나라에 가상 현실이라는 용어가 처음 소개된 것은 1990년대 초반이고 일간지와 TV 뉴스에 등장한 것은 1990년대 말이다. 이렇게 보면 우리가 가상 현실이라는 말을 들은 지는 꽤 오래되었다. 하지만 가상 현실에 대한 대중의 이해도는 아직까지 높지 않다. 심지어 가상 현실과 사이버 공간 혹은 가상 공간을 혼동하는 경우까지 종종 있다.

사이버 공간 혹은 가상 공간도 가상 현실처럼 컴퓨터 시스템에 의해 만들어지는 것이긴 하다. 하지만 가상 공간에서는 오감이 모의되지 않는다. 다시 말해서, 우리가 가상 공간에서 활동한다고 해서 우리의 오감으로 감각을 느끼지는 않는다는 것이다. 현실에서 보고 듣고 만지는 것처럼 느끼도록 하려면 단순히 네트워크를 통해 조성된 가상 공간이 아니라 특별한 장치들이 필요하다.

가상 현실은 오감을 모의한다. 오감이란 시각, 청각, 촉각, 미각, 후각을 말한다. 시각은 디스플레이 장치를 통해 모의한다. 이것은 머리에 쓰는 장치인데, 이반 서덜랜드가 1965년에 처음 개발한 이후 발전을 거듭하면서 더욱 고성능화되고 단순화되고 있다. 요즘은 보급형으로 간단한 헤드셋 형태의 장비가 개발되어 시판되고 있다. 시각은 가장 쉽게 모의할 수 있는 감각이며, 일반적으로 우리의 오감 가운데 가장 지배적인 위치에 있다. 우리는 시각만으로도 상당한 현실감을 느낄 수 있다.

청각은 HMD나 헤드셋에 결합된 헤드폰 형태의 장비를 통해 모의한다. 3차원 입체 음향은 시각 영상의 현실감을 높이는 데 중요한 감각 정보이다. 가장 단순한 형태의 가상 현실 시스템은 시각과 청각만을 모의하지만, 좀 더 현실감을 주는 장비는 표면 질감이나 무게까지 느끼게 해 준다. 더욱이 힘 피드백 장치는 어떤 물체에 힘을 가했을 때 근육과 관절을 통해 느끼는 반발력을 감지하게 해 준다. 촉각 디스플레이와 힘 피드백 장치는 가상 현실 속의 물체를 실제로 존재하는 사물처럼 느끼게 해 준다.

최근 미국의 한 IT 업체가 개발한 가상 현실 장갑은 피아노로 음악을 연주하는 느낌을 그대로 구현해 냈다고 한다. 곡에 맞게 연주할 때 손가락으로 건반을 누르는 촉감을 생생하게 느낄 수 있다고 한다. 진동과 압력을 조절하는 장갑의 센서가 가상 현실 속에서 실제로 피아노를 칠 때와 똑같은 촉감을 만들어 낸다. 여기에 해변이나 밀림 등 컴퓨터 시스템이 만들어 내는 가상 현실 공간에 따라 장소에 해당하는 냄새를 느낄 수 있도록 약품을 분사하는 헬멧을 만들었다고 한다. 시각이나 청각, 촉각에 비해 후각과 미각은 컴퓨터로 모의하기 매우 어려운 감각이다. 현재 기술적으로 초기 단계에 있다.

증강 현실이란 무엇인가?

가상 현실과 유사해서 구분할 필요가 있는 것이 증강 현실이다. 가상 현실과 증강 현실은 조금 다르다. 2016년 여름에 열풍을 몰고 온 모바일 게임 '포켓몬고'는 증강 현실을 이용한 게임이다. 증강 현실은 사용자의 눈에 보이는 현실에 3차원 가상 물체를 겹쳐 보여 주는 방식으로 현실 세계를 보강하는 기술이다. 증강 현실은 현실 세계에 가상 환경을 겹쳐 하나로 보여 주기 때문에 혼합 현실이라고도 부른다. 증강 현실은 가상의 환경으로 현실 환경을 보완하는 것이지만, 가상 현실은 현실에 근거하지 않고 완전히 모의된 환경이다. 물론 현실을 모의한 것일 수도 있고, 상상의 세계를 모의하는 것일 수도 있다.

자동차 운전석이나 비행기 조종석의 유리창을 활용한 디스플레이는 증강 현실의 한 보기이다. 증강 현실 기술을 이용해 만든 제품 중 가장 주목을 받는 것이 구글 글래스이다. 이 스마트 안경은 보통 안경처럼 눈에 착용하지만, 스마트폰의 운영 체계인 구글 안드로이드 운영 체계가 내장되어 있어 인터넷 검색, 사진 촬영, 길 안내 등의 기능이 있다.

전 세계적으로 열풍을 일으키고 있는 포켓몬고는 인공위성을 이용하여 위치를 추적하는 위성 항법 시스템(GPS)과 구글 지도를 결합하여 포켓몬을 수집하는 게임이다. 포켓몬은 같은 이름의 애니메이션에 등장하는 캐릭터로, 게임 이용자들은 스마트폰을 이용해 포켓몬이 출현하는 장소를 찾아내어 포켓몬볼을 던져 포켓몬을 포획한다. 이것은 애니메이션에 등장하는 포켓몬 트레이너가 포켓몬을 수집하는 것과 같은 방식이다.

포켓몬고 게임을 하는 사람들은 포켓몬을 얻기 위해서 현실 세계의 특정 위치를 찾아 나선다. 군사적인 이유로 구글 지도가 서비스되지 않는 우리나라에서 유일하게 구글 지도가 작동하는 지역은 속초이고, 그곳으로 사람들이 몰려가고 있다고 한다. 현실 세계의 특정 위치에 가면 스마트폰 화면에서 포켓몬을 확인할 수 있고, 게임 안에서 포켓몬볼을 던져 포켓몬을 포획한다. 또한 포켓몬을 가지고 있는 이용자들끼리 같은 장소에서 만나 포켓몬 대결을 펼칠 수도 있다. 물론 이것도 게임 상에서 가능한 일이다. 이처럼 증강 현실을 활용한 게임을 즐기는 이용자들은 현실과 증강 현실을 넘나들기 때문에 두 세계 사이의 경계에 대한 의식이 약화되기도 한다.

가상 현실은 영화 〈토탈 리콜〉에서처럼 만들어진 현실이다. 우리는 이 만들어진 현실에서 유사 감각을 얻는다. 유명한 SF 시리즈인 〈스타 트렉: 넥스트 제너레이션〉에서 볼 수 있는 홀로덱 또한 일종의 가상 현실이다. 홀로덱은 홀로그램을 이용하여 실감나는 3차원 영상을 보여 준다. 하지만 증강 현실은 현실에 더해진 현실이며, 현실의 감각을 그대로 둔 상태에서 새로운 인공적 감각을 덧붙인다.

가상 현실은 현실을 부정하는가?

현실 속에 있는 것들과 달리 가상 세계에 있는 것들에는 인간의 상상력이 첨가되어 있다. 상상력은 우리가 지각한 것, 읽거나 들은 것들을 재구성하여 정신적으로 형상화하는 능력이다. 상상력이 만들어 낸 형상은 현실 세계의 물리적 한계를 넘어설 수 있다. 이런 의미에서 상상력은 일종의 현실로부터의 해방을 가능하게 한다. 가상 현실 기술은 우리의 상상력에 현실감을 더해 준다. 상상 속에나 있을 수 있는 것에 현실의 감각과 느낌을 결합시키기 때문이다.

미국의 철학자 마이클 하임은 가상 세계를 일종의 착각이나 환각으로 볼 것이 아니며, 가상 세계에는 현실 세계의 실존적 측면이 포함되어 있다고 주장한다. 이 말을 이해하기 위해서는 하임이 말한 현실 세계의 실존적 특성을 알아야 할 것이다. 하임은 '사람은 반드시 죽는다.'는 말이 함축하고 있는 인간 존재의 유한성에 주목하여 인간 존재의 실존적 특성을 이야기한다.

먼저, 인간의 삶은 한정되어 있다. 태어나서 성장하고 죽음에 이르는 과정은 누구도 피할 수 없는 인생의 질서이다. 우리는 어느 때 어떤 곳에서 태어나서 어떤 사람들과 상호 작용하면서 성장한다. 그리고 언젠가 어느 곳에서 죽는다. 이런 의미에서 우리는 현실 속에 매어 있다. 이것은 우리가 벗어날 수 없는 현실의 한계이다. 삶과 죽음, 어느 때와 어느 장소, 어떤 사람들은 우리의 의지와 관련 없이 운명처럼 우리에게 다가온다.

또한 우리는 시간 속에 존재한다. 인간은 과거로부터 미래로 진행하는 사건 속에서 살아가고 있다. 우리는 시간을 거꾸로 되돌릴 수 없으며 순간순간의 연속을 살아간다. 이런 점 때문에 우리의 삶은 유일하고 독특한 것이 된다. 우리 삶은 일시적인 환상이나 순간의 유희가 아니라 연속적으로 이어지는 실질적인 것이다. 인간 존재의 실존적 특성의 두 번째는 바로 우리가 시간 속에서 살고 있다는 것이다.

그리고 인간은 생물학적 한계를 지니고 있다. 우리는 생물학적으로 약한 존재이다. 언제나 신체적으로 손상을 입을 가능성을 안고 있으며, 또한 신체적 손상의 결과로 발생하는 고통을 피할 수 없다. 우리는 그런 고통을 예상하고 긴장하고 두려움을 느낀다. 우리는 '늘 몸조심해야 한다.'는 말을 유념하면서 살아가는 생명을 지닌 존재이다.

하임은 이와 같은 세 가지를 인간의 실존적 특성이라고 보았으며, 이런 특성들 때문에 인간이 현실에 얽매이게 되고 현실적이 된다고 말한다. 그러면 가상 현실이 만들어 내는 세계에는 이런 실존적 특성이 모두 거부되는가? 현실 세계에서 인간을 구속하고 있는 제한들, 다시 말해 인간이 지닌 유한성들을 모두 벗어 던진 가상 세계는 우리에게 현실감을 주지 못할 것이다. 반대로 현실 세계의 모든 제한을 가상 세계에 부과한다면 그것은 단지 현실을 거울에 비춰 보여 주는 것과 같을 것이다. 가상 현실은 현실을 반영하지만 현실에 머무르지 않는다. 현실을 새롭게 해석하고, 현실을 새롭게 창조해 낼 수 있다.

우리는 통 속의 뇌인가?

가상 현실을 소재로 한 영화 가운데 인류의 미래를 끔찍하게 묘사한 영화로 〈매트릭스〉를 꼽을 수 있다. 2199년 인공 지능이 세계를 지배하고, 인간은 태어나자마자 인공적인 장치에 갇힌 채 인공 지능 컴퓨터의 에너지 자원으로 사용된다. 하지만 인간들은 자신이 어떤 상태에 있는지 모른다. 인간의 뇌는 매트릭스라는 프로그램에 의해 통제되어 있고 인간은 이 프로그램이 만들어 낸 1999년의 가상 세계를 살아가기 때문이다. 이 가상의 세계는 현재 우리가 살고 있는 세계와 같은 세계이다. 매트릭스에 의해 통제되는 사람들은 실제로는 묶여 있지만 스스로 자유롭게 자신의 인생을 살고 있다고 느낀다.

미국의 철학자 힐러리 퍼트넘은 이런 상황을 '통 속의 뇌'라는 가설로 묘사했다. 보존 용액으로 가득 찬 통 속에 뇌가 하나 들어 있고, 그 뇌는 전선을 통해 컴퓨터와 연결되어 있다. 컴퓨터를 통해 뇌의 기능을 완전하게 통제하기 때문에 뇌는 마치 신체를 가진 사람처럼 자신을 의식한다.

'생일날 저녁 근사한 레스토랑에 앉아 있다가 오른손을 들어 웨이터를 부른다. 꼭 한 번 먹고 싶었지만 평소에 먹을 수 없었던 음식을 메뉴판에서 발견하고는 그것을 주문한다. 가격이 조금 비싸다는 생각이 한순간 스쳐 지나가지만 오늘은 일 년에 하루밖에 없는 날이라는 생각이 더 크다. 스카이라운지여서 더 그럴까? 창밖으로 보이는 도시의 야경은 정말 아름답다. 음식이 나오기 전에 화장실에 가려고 일어서는데 왼발이 조금 시큰거린다. 오전에 계단을 내려오다가 약간 삐끗해서 파스를 붙였는데 냄새가 날 것 같아서 레스토랑에 오기 전에 뗐다. 그대로 둘 걸 그랬나 하는 생각이 순간 들었다.'

이렇게 통 속의 뇌는 마치 자신이 몸을 지닌 인간이고 현실 세계에 있는 존재라고 생각한다.

우리가 통 속의 뇌가 아니라는 사실은 너무도 분명하다. 우리는 몸을 가지고 있으며 눈과 귀, 코와 입, 손과 발, 피부로 세상을 느낀다. 그리고 세상과, 또 다른 사람과 영향을 주고받는다. 나는 조금 전에도 내가 좋아하는 과자를 먹었는데, 통 속의 뇌가 어떻게 과자를 먹을 수 있겠는가? 그런데 통 속의 뇌 또한 자신이 조금 전에 과자를 먹었다고 생각할 수 있다. 과자를 먹을 때의 느낌과 맛, 그 감각들을 모두 경험할 수 있다. 물론 컴퓨터를 통해 모의된 것이지만 말이다. 통 속의 뇌는 자신이 통 속의 뇌라고 생각하지 않는다. 자신이 우리처럼 몸을 가진 존재이고, 또 다른 사람과 서로 관계를 맺고 살고 있다고 생각한다. 그렇게 느낀다. 그러니까 우리도 통 속의 뇌일 수도 있지 않을까? 우리가 얼마 전에 사고를 당했거나 외계인에게 납치되어 통 속의 뇌의 신세가 되었을 수도 있고, 아예 처음부터 통 속의 뇌의 상태로 있었을 수도 있다.

우리에게 몸이 있다는 것, 눈앞에 과자가 있다는 것, 그 과자가 나의 상상이나 헛것이 아니라 진짜라는 것, 그 과자는 내 친구와 나눠 먹을 수도 있다는 것 그리고 그 과자를 먹어서 기분이 좋아졌다는 것, 과자를 많이 먹으면 배가 부른다는 것은 모두 상식이다. 의심의 여지가 없는 것들이다. 하지만 회의론자들은 그런 상식에 대해 도전장을 내민다. 가상 현실 기술의 발달은 그러한 도전장의 의미를 더욱 크게 만드는 효과가 있다. 과거에는 이해할 수 없는 상황이 지금은 가상 현실 속에서 이해할 수 있는 상황으로 묘사되기 때문이다. 정말로 99퍼센트의 현실감을 주는 가상 현실이 등장한다면, 현실과 가상 현실이 구분될까? 아니 우리의 삶 자체가 가상 현실 속에 있는 것은 아닐까? 이런 생각이 점점 자연스러워진다.

5

빅 데이터,
프라이버시 없는
개인이 있을까?

토트는 고대 이집트 신화에 등장하는 기록의 신이다. 지식과 과학, 언어의 신이기도 하다. 고대 이집트의 문자였던 히에로글리프를 발명하여 인류에게 주었다고 한다. 기록은 문자의 발명과 더불어 시작되기 때문에 토트가 기록의 신인 동시에 언어의 신이라는 말에 수긍이 간다. 기원전 305년부터 30년간 이집트를 지배했던 프톨레마이오스 왕조는 토트를 도서관의 수호신으로 받들었다. 세스헤트 역시 기록과 지식의 신으로 알려져 있는데, 사실은 토트의 여성형이라고 한다. 이를 입증해 주듯이 토트와 세스헤트는 동일한 어원에서 파생된 이름이라고 한다.

도서관은 지식과 정보의 보고이다. 인류의 지적 유산, 즉 지식과 경험, 과학 기술과 문화가 담긴 책들이 도서관에 모여 있기 때문이다. 최초의 도서관들은 기원전 2000년을 전후로 하여 4대 문명의 발상지 가운데 하나인 메소포타미아 지방에서 발견되었다. 고대 세계에 있었을 것이라고 상상하기 어려울 만큼 커다란 도서관이 알렉산드로스 대왕의 도시 알렉산드리아에 있었다. 프톨레마이오스 왕은 동서양의 다양한 문화를 도입하고 세계 각지의 학자들을 초빙하여 알렉산드리아를 학문과 문화의 중심지로 육성했다. 프톨레마이오스 왕은 기원전 288년에 이 도시에 뮤세움(museum)이라는 큰 학원을 세워 학자들의 토론과 연구의 공간으로 사용하게 했는데, 그곳에 75만 종의 자료가 보관된 도서관이 있었다고 한다. 이 정도면 역사상 최대의 도서관이라고 해도 과언이 아닐 듯하다. 세상의 모든 지식과 정보가 당시 알렉산드리아의 도서관에 있었던 셈이다.

고대 중국에도 도서관 같은 곳이 있었던 것으로 보인다. 기원전 1100년경 주나라에 맹부 혹은 고부라고 하는 장소가 있었다고 한다. 그곳이 당시에 자료를 보관하던 곳으로 일종의 도서관이라고 생각된다. 도가의 창시자인 노자가 기원전 6세기에 주나라 장서실을 관리하는 일을 했다는 이야기도 있다. 고대의 도서관에는 오늘날과 같은 종이 책이 아니라 점토판이나 파피루스, 죽간, 목간 같은 것이 있었을 것이다.

도서관의 수호신 강철왕 카네기

강철왕 앤드루 카네기는 사업가뿐만 아니라 사회 사업가로도 유명하다. 13세 때 스코틀랜드에서 미국으로 건너온 이후 자수성가하여 철강 사업을 키우고 세계 최고의 부자 대열에 올랐다. 카네기는 '부자로 죽는 것은 불명예'라는 자신의 신념을 몸소 실천한 것으로 유명하다. 카네기는 나중에 거의 모든 재산을 사회에 환원했는데, 그의 실천 가운데 하나가 공공 도서관을 건립하는 일이었다. 카네기는 미국을 비롯하여 영국, 호주, 뉴질랜드 등에 2509곳의 공공 도서관을 건립하는 일에 결정적으로 공헌했다. 그런 이유로 카네기는 '도서관의 수호신'이라고 불린다.

카네기가 공공 도서관 건립에 특히 관심을 가진 데에는 남다른 이유가 있었다. 미국의 16대 대통령 링컨에게도 책에 얽힌 유명한 일화가 있지만, 카네기의 일화에서도 책의 중요성을 확인할 수 있다. 15세 때 카네기는 전신국의 메신저 보이로 일했다. 메신저 보이는 전화가 없던 시절에 전신국의 전보를 자전거를 타고 이곳저곳으로 전달해 주는 일을 했다. 카네기는 이 시절 자신이 얼마나 열심히 일을 했는지 그리고 또한 얼마나 배우고 싶었는지를 자서전에서 밝힌 바 있다. 하지만 메신저 보이가 책을 사서 볼 수는 없고, 책을 얻어 볼 곳도 없었다.

그 즈음에 코로넬 앤더슨이라는 상인이 은퇴한 뒤에 자신이 소장하고 있던 400권의 책을 가지고 작은 도서관을 꾸렸다. 일하는 소년들을 위한 도서관이었으며 토요일마다 책을 빌려주었다. 카네기는 배움의 열망을 갖고 이 도서관을 찾아갔지만 들어갈 수 없었다. 기술공과 견습공으로 도서관 이용

자격이 제한되어 있었기 때문이다. 카네기는 실망했지만 포기하지 않고 〈피츠버그 디스패치〉라는 지방 신문의 편집인에게 편지를 썼다. 모든 근로 소년은 그 도서관을 통해 책을 읽는 즐거움을 누릴 자격이 있고, 메신저 보이도 근로 소년이기 때문에 도서관 이용이 허용되어야 한다는 내용이었다. 카네기의 편지 이야기를 들은 앤더슨은 도서관의 이용 자격을 넓혀 주었고, 카네기도 도서관을 이용할 수 있게 되었다. 앤더슨의 작은 도서관은 카네기에게 꿈을 키우고 미래를 준비할 수 있는 길을 터 주었다.

1901년에 카네기는 자신의 회사를 모두 매각했다. 그리고 그 돈으로 교육 사업과 사회사업에 헌신하며 여생을 보냈다. 세계적으로 유명한 대학인 카네기멜론대학교는 카네기의 재정적 후원으로 건립된 대학교이다. 그리고 미국 전역을 포함하여 영국, 호주, 뉴질랜드에 수많은 공공 도서관을 건립하는 데 기여했다. 카네기는 어렸을 때 자신에게 공부에 대한 열정을 채워 주고 인생의 미래를 위한 자양분을 마련할 수 있게 해준 코로넬 앤더슨의 작은 도서관의 영향을 받아 도서관 건립에 힘쓴 것이다.

빅 데이터란 무엇인가?

도서관은 인류의 지적 유산과 각종 자료가 축적되어 있는 곳이다. 사람들은 지식 습득과 학문 연구를 위해서 도서관의 책과 자료들을 이용할 뿐만 아니라, 도서관에 보관된 각종 통계 자료를 검토하여 비즈니스 기회를 발견하기도 한다. 그리고 사람들은 어려운 문제를 만났을 때 그 해결책을 찾기 위해 책을 뒤져 옛 사람의 경험과 지혜를 빌리기도 한다. 그래서 수많은 장서와 자료를 소장한 도서관은 그야말로 지식의 보고이고 지혜의 은신처이다. 그래서 장서 수는 도서관의 규모와 위용을 보여 주는 숫자이다.

장서 수가 세계에서 가장 많은 도서관은 미국 의회 도서관이다. 이곳은

3000만 권 이상의 장서를 보유하고 있으며, 470개 언어로 된 인쇄물을 보관하고 있다. 3세기에 걸친 전 세계의 신문, 480만 점의 지도, 270간 장의 음반 등 도서 이외에 각종 자료들까지 소장하고 있다.

　한편 정보 사회가 발전하고, 스마트 통신 시대가 도래하면서 도서관에서 발견할 수 있는 것과는 다른 종류의 정보가 새로운 자원으로 등장하고 있다. 이른바 빅 데이터라고 하는 것이다. 이제는 빅 데이터를 분석함으로써 비즈니스의 기회를 발견하고, 빅 데이터를 활용하여 문제를 해결하는 방안을 고안해낸다. 2012년 미국 대통령 선거에서 오바마 대통령은 선거 전략을 세우는 데 빅 데이터를 활용했다고 한다. 부동층의 성향을 파악하여 유권자 개인별 맞춤형 선거 캠페인을 벌이는 '마이크로 타겟팅' 전략을 펼쳤다. 2012년에 미국에서 독감이 한창 유행하고 사망자가 100명이 넘어서건서 일부 지역에서 공중 보건 비상사태를 선포한 바 있다. 이때 구글은 빅 데이터 분석을 통해 독감의 확산 경로를 빠르고 정확하게 예측했다. 구글 사용자들의 검색어 입력 빈도를 분석하는 방식으로 독감의 유행 수준을 파악하고 확산 경로를 예측한 것이다. 구글의 빅 데이터 분석 결과는 미국 정부의 질병 통제 예방 센터보다 신속하고 정확했다.

　빅 데이터는 도서관에서 발견할 수 있는 데이터와 성격이 전혀 다르다. 과거에는 그것을 쓸모 있는 데이터로 취급하지 않았다. 일종의 쓰레기 데이터로 생각했다. 그런데 분석 기술이 발전하면서 빅 데이터는 매우 중요한 자원이 되었다. 빅 데이터는 단순히 엄청난 양의 큰 데이터를 의미하는 것이 아니다. 빅 데이터라고 불리는 만큼 데이터의 양이 큰 것도 사실이지만, 그것보다 더 중요한 것은 체계화되지 않은 비정형의 데이터라는 것이다. 예컨대, 이동 통신 가입자의 통화 내역 데이터는 빅 데이터가 아니다. 1000만 명 이상의 가입자의 수억 통이 넘는 통화 내역은 매일 쌓이지만, 정해진 형식대로 정리된 데이터이므로 빅 데이터가 아니다. 반면에 어떤 백화점의 한 달간 이용객에 관한 데이터는 이동 통신 가입자의 통화 내역에 비해 훨씬 적은 양이지만 형식화되지 않은 매우 다양한 종류의 데이터를 포함하고 있어 빅 데이터라고 할 수 있다.

매년 스위스의 다보스에서 개최되는 세계 경제 포럼, 일명 다보스 포럼은 2012년에 국제 개발의 새로운 가능성을 여는 중요한 기술 중의 하나로 빅 데이터를 꼽았다. 재정 위기, 기후 변화, 에너지 문제, 환경, 안보, 빈곤 문제 등 글로벌 차원의 난제를 해결하기 위해 광범위한 정보가 필요한데, 각종 네트워크를 통해 수집할 수 있는 빅 데이터를 통해 단서를 찾을 것으로 기대하고 있다.

빅 데이터로 무엇을 할 수 있는가?

빅 데이터는 다양한 용도로 활용될 수 있다. 2013년 서울시는 빅 데이터를 활용해 심야 버스 노선을 개발했다. 심야 시간대에 택시의 승차 거부로 인한 불편을 호소하는 승객이 다수 있었고, 심야에 일하는 근로자는 택시 이외의 교통수단이 없어 교통비 부담이 크다고 고통을 호소했다. 그래서 서울시는 심야 버스를 새로 배치하기로 했는데 노선을 어떻게 만들어야 할지 고민이었다. 서울시는 KT와 협력하여 30억 건의 통화 데이터 기록과 택시 이용 데이터를 분석하여 최적의 심야 시간대의 버스 노선을 개발했다. 심야 시간대의 유동 인구 밀집도를 분석하고 시민들의 이동 경로를 파악하여 가장 필요한 곳에 심야 버스를 배치하여 좋은 호응을 얻었다.

빅 데이터를 활용하면 예상하지 못한 곳에서 비즈니스 기회를 발견할 수도 있다. 우리나라의 유명 제과업체 가운데 한 곳은 기상 데이터와 고객의 구매 정보를 연계해 빅 데이터를 분석하여 이득을 얻었다. 이 업체는 최근 5

년간 전국 169개 점포에서 수집한 10억 건 이상의 상품 판매 데이터와 기상 관측 자료를 연계하여 날씨 판매 지수를 개발했다. 분석 결과, 온도와 날씨에 따라 판매되는 빵의 종류가 달랐다. 쌀쌀한 날 잘 팔리는 빵과 더운 날 잘 팔리는 빵이 따로 있었으며, 비 오는 날 유독 잘 팔리는 빵이 있었다. 날씨 판매 지수는 그날그날 필요한 빵의 생산량을 조절하고, 중점적으로 홍보하거나 세일 품목을 정하는 데 유용했다.

미국에서 가장 오래된 동물원인 신시내티 동물원의 사례도 있다. 신시내티 동물원은 지속적인 매출 감소와 정부 보조금의 축소로 운영난에 직면했다. 신시내티 동물원은 6개월 동안의 입장객 행동 성향에 관한 빅 데이터를 분석한 결과를 활용해 운영난을 타개했다. 13만 명의 입장객은 동물원 안에서 거의 돈을 쓰지 않았으며, 아이스크림과 음료수를 사는 데 주로 돈을 썼다. 특히 해질 무렵 아이스크림 매출이 한낮보다 높았다. 그래서 신시내티 동물원은 폐장 시간을 2시간 늦추었고, 아이스크림과 식음료 판매에 집중하고 다른 마케팅 이벤트들을 중단했다. 그 결과 연간 14만 달러의 불필요한 마케팅 비용을 절감할 수 있었고, 여름 시즌 아이스크림의 일일 평균 판매액이 2000달러 증가했다. 식음료와 유통 상품 판매가 35퍼센트 이상 늘었다. 이처럼 신시내티 동물원은 빅 데이터 분석을 통해 당면한 문제를 적절히 해결할 수 있었다.

미국에서는 크리스마스 연휴가 끝난 이후에 울혈 심부전증으로 입원하는 노인이 급증하는 현상이 반복적으로 나타났다. 원인은 짠 음식이었다. 미국인은 크리스마스에 가족들이 모여 칠면조 요리 등 많은 음식을 함께 먹는 관습이 있는데, 이때 그동안 음식을 잘 조절하며 건강을 유지해 오던 노인들이 분위기 때문에 과식을 하고 염분이 많은 음식을 섭취하게 됨으로써 문제가 발생하는 것이다. 이 문제에 대한 새로운 해법을 제시한 곳은 의료 전문 기관이 아닌 마이크로소프트의 연구소였다. 연구소는 병원에서 가지고 있는 환자별 진단 결과와 병력 자료를 토대로 외부 충격이 있을 때 환자별로 위험도를 계산하고, 재발 위험이 높은 환자를 위해 퇴원 후 별도 관리 프로그램을 고안했다. 이 프로그램을 통해 환자들에게 주의 사항을 주기적으로 교육시키고, 명절 때나 폭염이 예상 되는 날에는 주의 사항을 전화나 문자 메시지를 통해 일렀다.

프라이버시란 무엇인가?

위의 사례들에서 볼 수 있듯이 빅 데이터는 정부의 정책 수립, 새로운 비즈니스 기회 발견, 당면한 문제 해결 등을 위해 매우 효과적으로 활용될 수 있다. 유용성이 큰 것은 그만큼 많은 데이터를 광범위하게 수집하기 때문이다. 이런 방식의 데이터 수집은 과거에 없었던 방식이다. 사실, 개인의 관점에서 보면 빅 데이터에는 개인의 일상적인 활동의 일거수일투족이 모두 포함되어 있다고 할 수 있다. 빅 데이터가 정보의 독점으로 사회를 통제하는 권력인 빅 브라더를 불러올 수 있다는 우려는 이런 배경에서 제기된다. 다시 말해, 프라이버시의 문제가 생각보다 심각하다. 빅 데이터 활용이 보편화되어 개인별로 맞춤형 서비스를 시도하게 될 때 개개인의 세세한 정보가 모두 수집되고 활용될 수밖에 없다.

프라이버시는 개인의 사생활을 의미한다. 사람은 누구나 자신의 사생활의 비밀을 보장받고 사생활의 자유를 누릴 권리가 있다. 각자 자기만 간직하고 싶은 비밀이 있고 그 비밀을 공개당하지 않을 권리가 있다. 프라이버시는 1890년에 워렌과 브랜디스가 함께 쓴 논문에서 처음 사용한 개념으로 타인의 간섭을 받지 않고 자신의 삶을 자유롭게 살 권리를 말한다. 프라이버시 권리는 우리나라 헌법 17조에도 명시되어 있다.

프라이버시의 일차적인 의미는 공간적인 것이다. 우리는 살기 위해 일정한 공간을 필요로 하고, 그 공간을 자신의 공간으로 삼으려고 한다. 우리는 자신의 삶의 공간을 침범당하면 불안을 느낀다. 안정적인 삶을 위해서는 자신만의 삶의 공간을 유지할 수 있어야 한다. 자신의 공간에서 안전한 삶을 살고자 하는 욕구는 사람은 물론 동물들에게도 있다. 사람의 경우는 물리적인 공간뿐만 아니라 심리적인 공간에서도 타인으로부터 방해받지 않으려고 한다. 자기 자신만의 정신생활을 타인의 방해 없이 누리려는 것이다. 이것이 프라이버시의 원초적인 의미이며, 공간적 프라이버시라고 한다.

사회의 발전에 따라, 더 정확하게는 기술의 발전에 따라 프라이버시의 개념은 점차 확대된다. 정보 혁명의 결과, 개인에 관한 다양한 정보가 수집되고 유통되면서 개인 정보 역시 프라이버시로서 보호받을 필요가 생겼다. 최근에 종종 논란이 되고 있는 인터넷을 통한 '신상 털기'는 개인의 정보 프라이버시를 침해하는 행위이다. 정보 프라이버시는 개인이 자신의 개인성에 관련된 정보를 스스로 통제할 수 있는 권리를 말한다. 사람들이 보통 프라이버시라고 할 때는 공간적 프라이버시와 정보 프라이버시를 함께 가리킨다.

또한 유전 공학의 발전으로 개인의 유전 정보가 수집될 수 있게 되었다. 그런데 유전 정보는 개인의 신상에 관한 기존의 정보보다 어떤 의미에서 보면 더 사적인 정보일 수 있다. 예컨대, 40대 이후에 치명적인 유전 질환이 발병할 확률이 있는 유전자를 보유했다는 개인의 유전 정보가 공개된다면 취업이나 의료 보험 가입, 더 나아가서는 결혼 문제에서 심대한 영향을 미칠 것이다. 그래서 유전 공학의 보편화로 인해 발생할 문제 가운데 하나로 유전적 프라이버시의 침해를 언급하는 학자들이 있다.

뇌 영상 기술의 발전은 개인의 뇌의 구조와 상태를 읽어 내는 일을 점점 용이하게 만든다. 이른바 신경 정보, 뇌에 관한 정보는 유전 정보보다 더 직접적으로 개인에 관한 것을 알려 준다. 유전 정보는 유전형과 표현형의 차이 때문에 잠재적인 성격이 있지만, 신경 정보는 직접적으로 개인의 뇌의 상태에 대해 말해 준다. 또한 신경 정보는 해당 개인에 대한 잘못된 판단과 편견을 조장할 위험이 있다. 예컨대, 전전두엽의 발달이 미진하다는 정보는 해당 개인이 소시오패스 성향이 있을 것이라는 추측을 하게 만들 수 있다. 개인의 신경 정보의 공개는 어떤 방식으로든 개인의 이익에 배치되는 방향으로 쓰일 가능성이 있다. 신경 프라이버시는 신경 과학의 접근성이 높아지고 사회적 쓰임새가 증가하면서 더욱 신중하게 다루어져야 한다.

프라이버시 없이 개인의 삶이 있을까?

정보 통신 기술의 발달은 프라이버시의 영역을 확대하는 데 기여했지만 프라이버시를 보호하기 어렵게 만들기도 했다. 다양한 정보 통신 기술을 활용할수록 우리의 프라이버시는 타인이나 기관, 정부에게 더 많이 노출된다. 아니, 많은 경우에 정보 통신 기술의 이용은 우리에게 프라이버시를 양보할 것을 요구한다. 심지어 기업의 홍보 방식 가운데는 기업이 제공하는 작은 이득과 프라이버시 사이의 양자택일을 암묵적으로 강요하는 경우도 있다. 위의 사례들에서처럼 빅 데이터로부터 얻을 수 있는 혜택을 최대화하기 위해서는 프라이버시를 상당 부분 포기해야 한다.

가만히 보면 우리는 프라이버시 침해에 대해 상상 이상으로 둔감한 면이 있지 않은가 하는 생각이 든다. 미국의 사회학자 마크 포스터가 말했듯이, 오늘날 한 명의 소비자로서 우리는 어떤 혜택을 제공받거나 서비스의 편리함을 누리기 위해 자발적으로 자신에 관한 정보를 제공한다. 혜택이나 편리함은 거부할 수 없는 유혹이지만 개인 정보의 제공으로 인한 손실은 바로 실감하는 것이 아니기 때문일 것이다. 기업의 제품·홍보 사이트에 접속하여 상품을 받고 자신의 전화번호와 주소, 이름을 남긴다고 해서 바로 어떤 피해가 발생하지 않는다. 아마 나중에 광고 문자나 메일이 오기는 하겠지만 상품을 받은 대가로 지불할 만한 번거로움 정도로 생각될 수 있다. 혹시 그 정보들이 다른 용도로 사용되거나 악용하려는 사람들의 손에 들어갈 수도 있지만 그것은 어디까지나 가능성일 뿐이라고 생각할 것이다. 이러한 태도가 프라이버시에 대한 사회적 의식을 약화시킨다는 데까지 생각이 미치는 사람은 아마 드물 것이다. 결론은, 오늘날 프라이버시를 기술 진보의 혜택으로 치루어야 하는 작은 대가 정도로 생각하는 사람들이 많다는 것이다.

그런데 프라이버시가 개인의 삶에 있어서 얼마나 중요한 것인지 생각해 볼 필요가 있다. 우리는 살면서 많은 사람들과 사귄다. 친구도 여럿 있다. 그리고 친구들 가운데는 아주 친한 친구가 있고, 웬만큼 친한 친구도 있다. 타인과의 친밀도를 측정하는 주요한 수단 가운데 하나가 프라이버시의 공유 정도이다. 예컨대, A가 나의 절친한 친구라면 나는 A에 대해서 다른 어떤 친구들보다도 많은 것을 알고 있으며, A도 역시 다른 어떤 친구들보다 나에 대해서 많이 알고 있다. 다시 말해서 A는 다른 어떤 친구도 모르는 나에 관한 정보를 갖고 있으며, 나 또한 다른 어떤 친구도 모를 것으로 짐작되는 A에 대한 정보를 갖고 있다. 이런 정보는 누구에게도 공개하고 싶지 않은 지극히 사적인 것이다. 공개되지 않은 비밀스런 사적인 정보는 나에게, 또 A에게 매우 중요한 것이다. 다시 말해, 나의 정체성, A의 정체성을 형성하는 그런 종류의 정보이다. 그러므로 프라이버시는 한 개인을 고유한 개체로서 성립시키는 데 필수적인 것이다.

프라이버시가 보장되지 않는 세상에 살고 있는 사람들을 상상해 보자. 단한 명의 빅 브라더에게만 모든 것이 파악되고 있기는 해도, 사람들은 누군가에게 모든 것이 공개된 삶을 살고 있다. 혹시 그런 누군가가 있다는 것을 모르고 살고 있다면 모르겠으나, 만일 알고 있다면 그들의 삶은 완전히 독립적인 것이 되기 어렵다. 이 세상 모든 사람에 대해 모든 것을 알고 있다고 하는 신이 있다고 가정할 때, 우리는 우리의 삶이 신에게 종속되어 있다고 느낄 수밖에 없는 것과 비슷한 이치이다.

한 명의 빅 브라더가 아니라 모든 사람에게 모든 사람의 삶이 비밀 없이 공개된 세상을 한번 상상해 보자. 다만, 개인의 공간만은 물리적으로 침범당하지 않는다. 하지만 그 세상에 사는 사람은 옆 사람이 누구인지, 요즘 누구와 사귀는지, 어제 누구랑 같이 있었는지, 오늘 아침에 무엇을 먹었는지 등 모든 것을 알 수 있다. 모두에게 모두가 공개되어 있어 프라이버시라는 것이 존재하지 않는다. 그러한 세상에도 '나'라는 것이 있을까? 내 것, 나만 아는 것, 나의 기억, 나의 경험이라는 것이 없는 세상 같지 않은가? 나의 기억은 나에게 고유한 것일 때 내 기억이지 다른 사람도 나와 똑같이 그것을 가지고 있다면 그것을 내 것이라고 할 수 없을 듯하다. 이런 세상에서 내 것이라고 할 수 있는 것은 신체 이외에는 없어 보인다. 그렇다면 이런 세상에 사는 사람들은 인격적 존재라기보다는 로봇과 같은 존재가 아닐까?

인격의 고유성은 물리적인 데보다는 정신적인 데 있다. 나의 경험, 나의 기억, 나의 의식, 다른 사람과 맺은 나의 관계들, 나의 기호와 성향 등이 모두 모여 나의 고유성을 형성한다. 그런데 프라이버시 없는 세상에서는 이런 나를 찾기 어려울 듯하다. 나를 지키고 나를 유지하는 울타리가 붕괴된 세상일 것으로 보이기 때문이다.

냉동 인간,
불멸성을 향한
끝없는 열망

'미라' 하면 떠오르는 나라는 이집트이다. 어렸을 때 소년 잡지에서 보았던 투탕카멘 왕의 황금 가면도 떠오른다. 최근 소식에 따르면, 투탕카멘 왕의 묘실 뒤에 또 다른 묘실이 있다고 한다. 아직 정확히 확인된 사실은 아니지만 전문가들은 90퍼센트 이상 확신한다고 하니 그럴 가능성이 높다. 또 다른 묘실에는 네페르티티 왕비의 미라가 안치되어 있을 가능성이 높다고 한다.

세상에 알려진 유명한 미라 가운데 하나는 알프스 산맥의 빙하에서 발견된 외치이다. 외치는 1991년 알프스 산맥의 해발 3200미터 지점에서 꽁꽁 언 상태로 발견되었다. 방사성 탄소 연대 측정 결과 외치는 5350년 전에 생존했던 것으로 판명되었다. 현재 외치는 이탈리아 볼차노의 남티롤 고고학 박물관에 보관되어 있다. 일명 아이스맨이라고 불리는 외치는 복원된 모형으로 전시되어 있다. 추정에 의하면 외치는 키가 160센티미터이고 몸무게는 60킬로그램이며, 사망 당시에 46세였다. 외치라는 이름은 발견된 지역의 명칭을 딴 것이다. 박물관은 외치를 위해 두께 30센티미터의 얼음 타일로 만든 보존 및 전시 공간을 만들었으며, 영하 6도와 습도 90퍼센트를 일정하게 유지하도록 조치했다. 이것은 외치가 발견되었던 알프스 산맥의 얼음 지대와 비슷한 조건이다.

미라가 만들어지는 데는 두 가지 방식이 있다. 하나는 자연적으로 미라가 만들어지는 것이고, 또 하나는 의도적으로 미라를 만드는 것이다. 외치는 자연 현상이 만들어 낸 미라이다. 이런 종류의 미라는 안데스 산맥, 북유럽과 스코틀랜드, 북아일랜드 등에서도 발견된다. 투탕카멘 왕의 미라, 혹시 발견될지 모르는 네페르티티 왕비의 미라는 의도적으로 만든 것에 해당한다. 사후의 세계가 있다는 내세관이 이런 장묘 문화를 만들어 냈다. 미라화 의식은 아즈텍 문명과 잉카 문명에도 있었다고 한다.

불멸에 대한 추구의 역사

미라는 고대 이집트인에게 불멸의 상징이었다. 영혼 불멸 사상을 가지고 있었던 이집트인들은 혼이 깃들어 있는 시신을 잘 보존하는 것이 고인의 내세를 위해 중요하다고 믿었다. 미라화는 불멸을 위한 의식이었던 것이다. 이집트 오시리스 신화에서 미라의 기원을 설명한다. 오시리스는 태양신인 라와 더불어 이집트를 대표하는 신으로, 부활의 신이다. 오시리스는 질투심 많고 포악한 동생 세트에 의해 두 번 죽고, 사랑의 여신인 아내 이시스에 의해 두 번 부활한다.

부활한 오시리스의 영혼은 이승에 머물지 않고 죽은 자들의 나라로 갔으며, 죽은 자의 영혼이 머무는 지하 세계에서 오시리스의 주검은 아누비스에 의해 미라로 만들어진다. 그 덕분에 오시리스의 영혼은 죽지 않고 저승에서 부활하여 영생을 누리게 된다. 이전까지는 오직 이승의 왕들만 지하 세계에서 부활하는 특권을 누렸지만 오시리스는 모든 사람에게 저승을 개방했다. 오시리스로 인해 모든 이집트인들은 죽은 후의 영생을 꿈꿀 수 있게 되었다.

인간의 불멸에 대한 추구의 역사는 매우 깊다. 아마 인간이 자기 자신에 대해 의식하고 인간의 유한성에 대해 한탄하기 시작했을 때, 아니 맞설 수 없는 자연의 무한한 위력과 맹수의 강한 힘에 의지가 좌절되었던 첫 순간부터 인간은 무한한 힘과 불멸을 욕망하기 시작하지 않았을까? 그래서인지 신화와 종교 속에 나오는 신들의 가장 두드러진 특징은 불멸성이다. 그리스 신화의 신들이 인간과 유일하게 다른 점은 바로 불멸한다는 것이다. 그래서 머리를 쪼개도 죽지 않는다. 전쟁과 지혜의 여신 아테네는 제우스의 머리를 가르고 태어났다.

인간의 불멸에 대한 욕망을 보여 주는 대표적인 이야기는 수메르인의 신화 속에서도 발견된다. 수메르 신화에 나오는 최고의 영웅 길가메시는 영원한 생명을 찾아 죽음의 강을 건넌다. 신들이 창조한 길가메시는 몸의 3분의 2가 신이고 3분의 1은 인간인 존재로, 기원전 2600년경에 우루크 왕국을 126년간 통치했다고 한다. 길가메시는 죽음의 강을 건너서 만난 우트나피시팀으로부터 영원한 생명은 신들의 것이며 인간에게는 죽음이 운명이라는 말을 듣는다. 또한 우트나피시팀은 인간은 죽음은 고사하고 잠도 이겨 낼 수 없는 존재라고 말한다. 하지만 길가메시는 이에 굴복하지 않고 영생을 원한다.

길가메시는 우트나피시팀이 알려준 대로 바다 밑바닥까지 들어가서 불사의 약초를 손에 넣는다. 하지만 길가메시가 목욕하는 사이에 뱀 한 마리가 물속에서 나와 불사의 약초를 먹어 버린다. 약초를 먹은 뱀은 허물을 벗고 젊음을 되찾는다. 길가메시는 결국 영원한 생명을 얻는 데 실패하고 고향으로 돌아온다. 길가메시 신화는 인간에게 영생은 도달할 수 없는 허황된 꿈에 불과하며, 죽음이 인간의 운명이라고 말해 준다.

인체 냉동 보존술과 저온 생물학

20세기에는 죽은 뒤의 내세가 아닌 현세에서 불멸하는 과학적인 방법이 제안되었다. 바로 인체 냉동 보존술이라고 하는 기술이 새로운 삶을 위한 부활을 가능하게 한다. 인간의 몸을 냉동시켜 죽음, 즉 잠재적 생명 정지 상태로 만든 뒤 다시 살아 있는 상태로 되돌린다는 생각을 과학적 관점에서 처음 제기한 사람은 미국의 물리학자 로버트 에틴거이다. 에틴거는 1962년 《냉동인간》이라는 책에서 죽은 사람의 몸을 영하 196도에서 냉각시켜 보존한 뒤 과학 기술이 고도로 발달된 미래에 다시 살려 내는 방안을 제안했다.

오늘날의 죽음은 오로지 하늘의 뜻이라기보다는 의학 기술과 관련이 깊다. 조금 과장해서 말하면, 많은 죽음의 원인은 의학 기술의 불완전함 탓이다. 과거에 사람들을 죽음으로 몰았던 질병을 오늘날에는 어렵지 않게 치료하는 것을 보면 이런 생각이 근거가 없는 것이 아니다. 현재 죽음을 맞이할 수밖에 없는 사람들 가운데 상당수는 미래의 의학 기술로 죽음을 면할 수 있는 가능성이 있다. 그러므로 손상되지 않은 상태로 인체를 보존할 수만 있다면, 현대 의학의 한계로 인해 치료를 받을 수 없었던 사람들도 미래의 발전된 의학 기술로 치료를 받아 살아날 수 있을 것이다. 이것이 바로 인체 냉동 보존의 목적이다.

인체 냉동 보존은 불가능한 이야기가 아니다. 몸의 일부를 냉동해 보존하는 기술은 이미 있다. 1950년에 소의 정자를 냉동 보존하는 데 성공한 이후 1954년에는 사람의 정자를 냉동 보존하는 데 성공했다. 현재는 정자는 물론 수정란까지 냉동 상태로 보존해 두었다가 필요할 때 해동해서 사용한다. 수정란을 냉동 보존할 수 없었으면 시험관 아기 시술이 지금보다 훨씬 힘든 시술이 되었을 것이다.

에틴거의 아이디어는 사람들의 상상력을 자극했고, 실제로 인체 냉동 보존술을 시술하는 기관이 생겨났다. 1972년에 설립된 알코어 생명 연장 재단은 인체 냉동 보존 서비스를 제공하는 대표적인 기관이다. 현재 140여 명이 냉동 보존되어 있다. 인체를 냉동 보존하는 데는 까다로운 시술 절차와 엄격하게 관리되는 보존 시설이 필요하기 때문에 비용이 만만치 않다. 현재 몸 전체를 냉동 보존하는 데는 20만 달러가 든다.

한편 우리는 생명체의 냉동 보존 사례를 자연에서 발견할 수 있다. 실제로 영하 40도 이하의 혹한에서 살아가는 생명체들이 있다. 절대 온도에 가까운 온도로 냉동한 뒤에도 여전히 살아나는 식물이 있다는 사실도 알려져 있다. 세포가 파괴되지 않으면 초저온에서도 생명을 유지할 수 있다는 것이다. 2014년에 도쿄대학교 해양생물학과 연구진은 영하 196도의 액체 질소

에서도 생존하는 슈퍼 거머리를 발견했다. 민물 거북에 기생하는 깃 거머리류인 이 슈퍼 거머리는 영하 196도의 액체 질소 속에서 무려 24시간을 생존했다. 영하 90도에서는 3년 동안 살아 있었다.

최근에는 30년 동안 냉동되었다가 깨어나서 활동한 생명체가 보고되었다. 2016년 1월에 일본 국립 극지 연구소가 밝힌 바에 따르면, 영하 20도에서 30년 동안 냉동 보관한 이끼에서 육안으로는 관찰할 수 없는 미소 동물인 곰 벌레를 꺼내 활동을 관찰했는데, 다시 깨어나 활동하며 산란까지 했다고 한다. 곰 벌레는 몸의 길이가 50μm~1.7mm인 무척추 동물로 물곰(water bear)이라고도 불린다.

왜 우리는 불멸을 추구하는가?

우리가 어렸을 때 읽었던 동화책을 떠올려 보면 대부분의 주인공이 행복한 결말을 맞이한다. 그리고 동화의 마지막은 '오래오래 행복하게 살았다.' 였다. 옛날부터 사람들은 오래 살기를 바랐다. 다른 사람들보다 오래, 아니가능하다면 영원히 살기를 바랐다. 영생에 대한 욕망을 보여 준 대표적인 사람으로 진시황이 있다. 진나라를 세워 중국을 통일한 진시황은 황제의 자리에 오른 뒤 영원토록 천하를 호령하고 싶은 욕망에 불사의 영약을 원했고, 그것을 얻기 위해 사방으로 사람들을 보냈다. 진시황은 연나라 사람인 서복에게 남녀 4000명을 주고 멀리 동쪽으로 가서 불로초를 구해 오도록 명령했다. 하지만 진시황은 불로초를 얻지 못했다. 진시황의 부하들이 불로초를찾으러 제주도까지 왔는지, 제주도의 정방폭포에는 '徐福過之(서복과지; 서복이 지나가다)'라는 글자가 새겨져 있다.

서양에는 연금술이라는 것이 있었다. 연금술사들의 궁극의 목적은 '현자의 돌'을 찾는 것이다. 사람들은 보통 연금술사들이 비금속을 금으로 변환하는 방법을 찾으려고 애쓰는 사람들이라고 알고 있지만, 사실 연금술사들은가장 완전한 물질을 찾는 데 몰두하고 있었다. 현자의 돌이라고 불리는 완전한 물질은 우주의 순수한 지식을 온전히 담고 있으며 불완전한 것을 완전한것으로 변환시키고, 모든 병을 치료하고 늙음을 젊음으로 바꿔 놓는 것이었다. 그래서 현자의 돌을 소유한 사람은 불사의 몸을 얻게 되는 것이다.

냉동 인간은 인류의 오랜 욕망을 반영한다. 정말로 냉동 보존된 사람들이몇십 년 후에 혹은 몇백 년 뒤에 다시 살아날 수 있을까? 이 질문에 대한 답은 불확실하지만 다시 살고 싶은 욕망이 이런 냉동 보존술을 선택하게 만들었다. 어떻게 생각하면 손해 볼 것은 없다. 어차피 죽을 몸이 아닌가? 다시살아날 길이 있다면 거기에 투자하고 희망을 가지는 것도 나쁘지 않다. 다시 살아난다면 그건 일종의 덤이니까.

많은 사람들이 죽음을 두려워한다. 이 두려움으로 말미암아 사람들은 죽은 뒤의 삶을 생각해 냈다. 죽음을 완전한 소멸이 아니라 새로운 시작으로 생각함으로써 죽음의 두려움을 피하려 했던 것이다. 이런 점에서 보면 죽음에 대한 두려움은 소멸에 대한 두려움이다. 하지만 정반대로 죽음을 인격의 궁극적 종말로 이해하는 사람들도 있었다. 고대 로마의 철학자 에피쿠로스는 죽음을 이런 식으로 이해할 때 죽음에 대한 두려움이 근거 없는 것이 된다고 말했다. 죽기 전에는 죽음이 무엇인지 모르기 때문에 두려워할 이유가 없고, 죽은 다음에는 모든 것이 소멸된 이후이기 때문에 두려워할 것이 없기 때문이다. 죽음으로 인한 고통이 사실무근이라는 것이다. 흥미로운 생각이다. 에피쿠로스의 생각은 플라톤의 생각과 좀 비슷하다. 플라톤은 죽음에 대해 두려워하는 것은 모르는 것을 알고 있다고 생각하는 것과 같다고 했다. 모르는 것에 두려워할 이유는 없다. 죽음은 두려움의 대상이 아니라 축복의 대상일 수도 있는 것이다.

죽음을 두려워했던 진시황을 보면, 재물이건 권력이건 많이 가진 사람들이 죽음을 더 두려워했을 것이라는 생각이 든다. 죽음에 대한 두려움은 가진 것을 잃지 않으려는 욕망의 표현인 것이다. 모든 것을 내려놓은 사람, 즉 무소유의 지혜를 터득한 사람은 죽음이 두렵지 않을 듯하다. 그래서였는지 중국 춘추 전국 시대의 사상가였던 장자는 아내가 죽었는데도 두 다리를 뻗고 앉아 질그릇을 두들기며 노래를 불렀다고 한다.

불멸은 우리를 행복하게 만드는가?

죽지 않고 오래도록 살면 행복할까? 지금까지 우리는 장수를 오복 가운데 하나로 생각했다. 오복은 예로부터 우리나라 사람들이 가장 행복한 삶의 조건으로 꼽은 다섯 가지인데, 그 가운데에서도 장수가 첫 번째이다. 명절에 나이 든 어른에게 인사 드릴 때 하는 말이 '건강하게 오래오래 사세요.'라는 것을 보아도 알 수 있다. 오래 살되 건강하게 사는 것도 중요하다. 100살까지 살지만 수십 년째 병상에 누워 시름시름 앓고 있다면 오래 사는 것의 의미가 덜해지기 때문이다. 그런데 건강하게 오래 살면 행복할까? 얼마나 오래 살 때 행복할까?

사회적 관점에서 보면 사람이 오래 사는 것이 좋은 일만은 아니다. 현대 산업 사회의 큰 문제는 인구의 고령화이다. 평균 수명이 급격하게 늘어나면서 노년층 인구가 빠른 속도로 증가하고, 전체 인구 가운데 노년층이 차지하는 비율이 크게 증가하고 있다. 인구의 고령화는 사회적, 경제적으로 심각한 문제들을 야기한다. 지금까지 인간 사회는 자연스러운 세대교체를 통해 유지되어 왔다. 하지만 평균 수명이 늘어나고 건강한 노년층이 많아지면서 세대교체의 시기를 늦추고 세대교체를 어렵게 만들고 있다. 사회 권력이 할아버지로부터 아버지, 아버지로부터 자식으로 전승되지 않는 것이다. 만일 고령자가 계속해서 자신의 지위를 고수하거나, 심지어 자신의 지위를 더 높이려고 한다면 세대간 전쟁이라는 당혹스러운 결과를 불러올 수도 있다. 평균 수명이 100세에 달하고 사회 평균 연령이 60세에 이른 사회에서는 충분히 우려할 만한 일이다.

미래학자 프랜시스 후쿠야마는 사회의 평균 연령이 60세가 넘는 사회, 즉 사회의 주류를 형성하는 세대가 60대 이상의 노년층인 사회를 '포스트 섹스' 사회라고 불렀다. 포스트 섹스 사회는, 성이 범람하는 현대 사회에서는 상상하기 어려운 일 같지만 성이 더 이상 사회의 주요한 논의 거리가 아닌 사회를 말한다.

죽지 않고 오래오래 사는 사람들의 세상에도 가족이 존재할까? 유교 경전 가운데 하나인 《효경》은 효도를 통해 영생을 추구할 수 있다는 동아시아적 사고를 보여 준다. 사람은 누구나 죽게 마련이고 죽으면 아무것도 남지 않는다. 나를 남기는 방법은 자손을 통해서이다. 부모는 자신의 존재와 가치를 '기'를 통해 자식에게 전해 주고, 자식은 또 그 자식에게 자신의 존재와 가치를 전해 준다. 이런 식으로 나는 세대를 거듭하면서도 영원히 존재할 수 있는 것이다. 그런데 내가 죽지 않고 영원히 산다면, 나의 존재와 가치를 자손에게 전하는 방식은 더 이상 의미가 없지 않을까?

인간성과 유한한 삶

불멸하는 삶이 행복을 가져다주기는커녕 우리를 불행하게 만든다면 불멸은 우리에게 가치 없는 것이 될 것이다. 우리 삶의 궁극적인 목적은 행복이기 때문이다. 지금까지 인류는 장수를 꿈꿨으며, 불로장생의 세상을 낙원이라고 생각했다. 하지만 평균 수명이 80세를 넘긴 오늘날의 우리 사회에서 장수가 고통일 수도 있다는 느낌을 받기 시작했다. 물론 오래 사는 것은 여전히 좋은 일로 생각되지만 말이다.

우리의 삶이 가치 있는 이유는 한계가 있기 때문이 아닐까? 시간이 제한되어 있기 때문에 우리는 삶을 더 충실하게, 더 아름답게 가꾸려고 애쓰는 것이 아닐까? 또한 삶이 영원하다면 사람들은 더 이상 도덕적으로 행동하려고 하지 않을지도 모른다. 끝없이 욕망을 추구하고 퇴폐와 향락의 문화를 번성시킬지 모른다.

인체 냉동 보존술이 실현되어 사람의 수명이 비약적으로 증가하면 범죄와 처벌에 대한 생각도 바뀔지 모른다. 인생의 시간에 한계가 있기 때문에 징역이 큰 처벌인 것이지 불멸에 가까운 삶을 산다면 징역의 무게가 가벼워질 것이다. 징역형에 자유의 제한이라는 핵심적인 조치가 취해져 있더라도 말이다. 그러므로 범죄에 대해서는 처벌보다는 치료가 강조되는 사회가 될지 모른다. 불멸의 시대에는 지금으로써는 가늠하기 어려운 다양한 사회적 변화가 발생할 것이다.

고대 로마의 철학자 세네카는 인생을 연회에 비유했다. 가장 적절한 때 정중하게 주인에게 작별을 고하고 물러나는 사람이 좋게 보이듯이 죽음을 임의로 앞당기거나 늦추려고 애쓰지 말고 찾아오는 죽음을 자연스럽게 맞이하는 것이 삶의 올바른 태도라고 말했다. 세네카의 말은 불멸을 추구하는 사람들에게 한마디 교훈이 될 것으로 보인다.

7

재료 공학

투명 망토를 입으면
왜 도덕성을
상실할까?

기원전 소아시아에 리디아라는 나라가 있었다. 전설에 따르면, 리디아의 칸다울레스 왕이 통치하던 시절에 기게스라는 목동이 살았다. 어느 날 기게스가 양을 치고 있을 때 갑자기 커다란 지진이 일어났다. 지진이 잠잠해지자 기게스는 땅이 갈라져 틈이 생긴 것을 발견하고 호기심이 발동해서 그 안으로 들어가 보았다. 동굴 안에는 거인의 시체가 있었다. 기게스는 매우 놀랐지만 거인의 손가락에 끼워진 금반지가 눈에 들어왔다. 기게스는 거인의 손가락에서 금반지를 빼내서 서둘러 동굴을 빠져나왔다. 기게스가 발견한 반지는 놀라운 힘을 지닌 마법의 반지였다. 처음에 기게스는 반지에 대해 아무것도 알지 못했지만, 우연한 기회에 반지의 놀라운 힘을 알게 되었다. 손가락에 낀 반지의 보석받이를 몸 안쪽으로 돌리면 자신의 모습이 아무에게도 보이지 않았고, 바깥쪽으로 돌리면 원래 모습으로 되돌아왔다.

원하는 때에 언제든 자신의 모습을 감출 수 있게 된 기게스는 반지를 이용해 욕심을 채우기 시작했다. 마음만 먹으면 아무도 모르게 자신이 원하는 것을 할 수 있는 기게스는 마음속 깊은 곳에서 꿈틀거리며 올라오는 욕망을 억제할 수 없었다. 기게스는 가축의 상태를 보고하는 전령으로 궁전에 들어가서 반지의 힘을 마음껏 이용했다. 반지를 이용해 몸을 숨기고 왕비의 방에 몰래 들어가 왕비를 취하고, 칸다울레스 왕의 자리를 빼앗았다.

기게스의 반지 이야기는 고대 그리스 철학자 플라톤의 《국가》 2권에 나온다. 플라톤은 글라우콘과 정의에 대해 논의하던 중, 자신의 행위의 결과에 대해 책임질 필요가 없을 때 사람들이 어떻게 하는지를 언급하기 위해 기게스의 반지 이야기를 꺼냈다. 플라톤이 언급한 전설의 반지는 영국의 소설가 톨킨의 판타지 소설 《호빗》과 《반지의 제왕》에서는 변형되어 절대 반지로 등장한다.

투명 인간과 인간의 욕망

사람의 몸이 다른 사람에게 보이지 않으면 어떻게 될까? 투명 인간은 작가들의 호기심을 자극하는 소재였다. 《타임머신》으로 유명한 영국의 SF 소설가 허버트 조지 웰즈의 작품 가운데 《투명 인간》이라는 소설이 있다. 웰즈의 《투명 인간》 하면 떠오르는 이미지가 있다. 두터운 외투를 걸치고 챙이 넓은 모자를 눌러쓰고 얼굴을 붕대로 칭칭 감은 사람이다. 그 사람은 모자를 벗으면 미라처럼 보인다.

《투명 인간》의 주인공 그리핀은 영국 웨스트 서식스의 작은 시골 마을 아이핑에 나타난 이방인이다. 그리핀은 여관 방에 틀어박혀 화학 실험에 열을 올렸다. 그리핀은 원했던 대로 투명 인간이 되었다. 마법 반지를 얻은 기게스처럼 그리핀도 투명 인간이 되고 나서 사악한 욕망을 갖게 되었다. 대학교 동창인 켐프 박사를 찾아가서 보이지 않는 몸을 이용해 공포 시대를 함께 실현하자고 설득했다.

하지만 그리핀에게는 투명 인간이 좋은 것만은 아니었다. 투명 인간 상태를 마음대로 조절할 수 없었기 때문이다. 그리핀은 다시 원래대로 돌아올 수 없는 투명 인간이 되어 여러 가지 고통을 받고 있었다. 옷을 입고 있지 않을 때에는 늘 주변을 경계해야 했다. 사람들의 눈에 보이지 않기 때문에 사람들이나 마차에 부딪칠 위험이 있기 때문이다. 늘 스스로가 조심해야 했다. 음식을 먹을 때는 남의 눈을 피해야 했다. 몸에 들어간 음식이 소화되기 전까지는 보이기 때문이다. 사람들에게 발각되면 괴물로 취급을 받기 때문에 들키지 않도록 늘 숨어 있었고 은밀하게 활동해야 했다. 게다가 별거벗은 몸은 추위와 싸워야 했다.

투명 인간인 그리핀에게는 제약이 많았다. 그래서 그리핀은 다시 원래의 몸으로 돌릴 수 있는 방법을 찾으려고 애썼다. 원할 때만 투명 인간이 되었다가 다시 원래의 몸으로 돌아와야만 온전한 투명 인간일 수 있었던 것이다. 결국 사람들은 그리핀을 받아들이지 않았다. 그리핀은 괴물이자 위험한 인물이었다. 켐프 박사는 경찰과 협력해 그리핀을 체포하는 데 적극 나섰다. 《투명 인간》의 결말은 기게스의 전설과 정반대이다. 그리핀은 군중들에게 붙잡혀 구타당하고 비참한 죽음을 맞이했다. 죽음에 이른 이후에야 그리핀의 몸은 원래 상태로 되돌아왔다.

투명 인간을 소재로 한 영화 〈할로우 맨〉에는 미국 정부의 비밀 프로젝트인 생명체 투명화 기술이 등장한다. 고릴라를 보이지 않게 하는 데 성공한 카인은 스스로 투명 인간이 된다. 카인은 음흉한 욕망을 드러내며 온갖 악행을 일삼는다. 카인은 스스로 전능한 존재가 되어 버린 듯한 망상에 사로잡혀 위험한 존재로 변해 버렸다.

메타 물질, 투명 망토는 정말 가능한 것일까?

최근 각광 받는 연구 중 하나가 메타 물질이다. 이것은 영화나 소설 속에서나 있을 법한 투명 망토를 현실화시키는 연구이다. 2015년 9월에는 미국의 버클리대학교 연구팀이 눈에 보이지 않는 초박막 투명 피부를 개발했고, 2016년 2월에 서강대학교 연구팀이 음파 탐지기에 감지되지 않는 물질을 개발했다.

현재 투명화 기술에 가장 큰 관심을 보이는 곳은 군사 분야이다. 스텔스 기술은 잘 알려져 있다. 레이더망에 걸리지 않고 적진 깊숙이 침투할 수 있는 스텔스 비행기는 이미 오래전에 개발됐다. 레이더는 물체를 포착하기 위해 전자기파를 쏘고 물체에 부딪쳐 돌아오는 전자기파를 확인한다. 하지만 스텔스 비행기는 표면에 칠해진 특별한 도료가 전자기파를 흡수하기 때문에 레이더에 포착되지 않는다. 스텔스 비행기는 1970년부터 군사용으로 개발되었으며, 1989년에 미국이 파나마 전쟁에서 처음 사용했다.

전장에서 아군이 적군의 탐지 장치나 눈에 보이지 않는다면 압도적인 우위에 설 수 있다. 특히 오늘날처럼 무기가 막강한 경우, 이런 기술이 전투의 승패를 가를 정도로 결정적일 것이다. 첩보 목적으로도 투명화 기술은 유용하다. 적진 깊숙이 들어가 언제든 마음대로 적군의 정보를 빼 올 수 있다면, 백전백승을 실현시킬 수 있을 것이다. 영화 〈해리 포터와 아즈카반의 죄수〉에서 주인공이 투명 망토를 사용하여 마법 학교 곳곳을 돌아다니며 비밀의 단서를 찾는 이야기에서처럼 말이다.

물체를 눈에 보이지 않게 하는 기술, 이른바 투명화 기술은 크게 세 가지로 구분할 수 있다. 하나는 위에서 말한 스텔스 기술이다. 또 하나는 위장술이다. 일본 오시이 마모루 감독의 애니메이션 〈공각기동대〉에는 투명 망토처럼 자신을 감추는 위장술이 등장한다. 애니메이션에 소개된 대로 이것은 광학미채라는 기술이다. 그리고 마지막으로 메타 물질이다. 메타 물질은 자연에서 발견된 적이 없는 특성을 가지고 있는 인공 물질이다. 메타 물질은 모양, 기하학적 구조, 크기, 방향, 배열 등에 따라 그 특성이 결정된다. 어떤 메타 물질은 물체가 전자기파나 소리에 관측되지 않게 할 수도 있고, 특정 파장에서 음의 굴절률을 갖기도 한다.

우리가 눈으로 물체를 보는 것은 빛이 물체에 닿아 반사되어 돌아와 망막에 상을 맺히기 때문인데, 메타 물질을 이용하면 빛이 물체에 부딪쳐 되돌아오지 않고 물체를 돌아나간다. 그렇게 되면 메타 물질로 감싸그 있는 물체는 우리 눈에는 없는 것이 된다. 실제로 우리 눈에는 메타 물질토 감싼 물체 뒤에 있는 물체가 눈에 들어온다. 이것이 메타 물질을 이용한 투명 망토의 원리이다.

현재까지 개발된 메타 물질들은 대부분 극초단파에 대한 것이었다. 2006년

학술지인 〈사이언스〉에 메타 물질에 관한 논문을 발표한 미국 듀크대학교 연구진이 개발한 것은 극초단파로부터 물체를 숨기는 물질이었다. 연구진은 실린더 모양의 너비 5센티미터, 높이 1센티미터의 구리관을 10장의 메타 물질을 사용해 극초단파에 탐지되지 않게 숨겼다. 우리 눈이 포착할 수 있는 파장인 가시광선으로부터 물체를 숨기는 기술로는 2009년 미국 라이스대학교 연구진이 개발한 나노 컵이 대표적이다. 메타 물질인 나노 컵은 안으로 들어온 빛을 모두 한 방향으로만 나가도록 함으로써 물체가 눈에 보이지 않게 하는 데 성공했다. 하지만 이 기술에도 한계는 있다. 대상이 시야에서 완전히 사라지지 않고 윤곽이 남는다.

2011년 미국의 버클리대학교 연구진이 가시광선 영역의 파장에서 효과를 발휘하는 메타 물질을 개발했다. 가시광선의 영역 전체를 포괄하지는 못해도 아주 작은 영역에서는 물체가 사라지는 것을 경험할 수 있다. 하지만 600 나노미터 크기의 물체를 가릴 수 있는 투명 망토를 제작하는 데는 일주일이나 걸린다고 한다. 실제로 사람을 숨길 수 있는 투명 망토를 만드는 것은 이론적으로만 가능하고 현실적으로는 불가능하다는 말이다. 2015년 버클리대학교 연구진이 개발한 초박막 투명 피부는 미세 현미경으로 보아야 하는 아주 작은 물체를 사라지게 하는 수준이다.

투명화 기술을 어디에 사용할 수 있을까?

커다란 물체를 우리 시야에서 사라지게 하는 데는 오히려 광학미채 기술이 적합할 것 같다. 2004년 일본 도쿄대학교 다치 스스무 교수 연구진이 광학미채 기술을 선보였다. 광학미채란 광학적 원리를 응용해서 시각적으로 대상을 투명화하는 기술인데, 실제 세계와 3차원의 가상 물체를 겹치게 함으로써 물체를 배경 속으로 사라지게 해 보이지 않게 하는 기술이다. 일종

의 증강 현실이다. 〈공각기
동대〉의 장면들에서처럼 주
변의 배경 속으로 몸을 숨기
는 일종의 은폐 기술이다. 그
런데 이 기술을 실현하는 데
는 디지털 카메라, 슈퍼 컴퓨
터, 프로젝터 등 적지 않은 장
비가 필요하다.

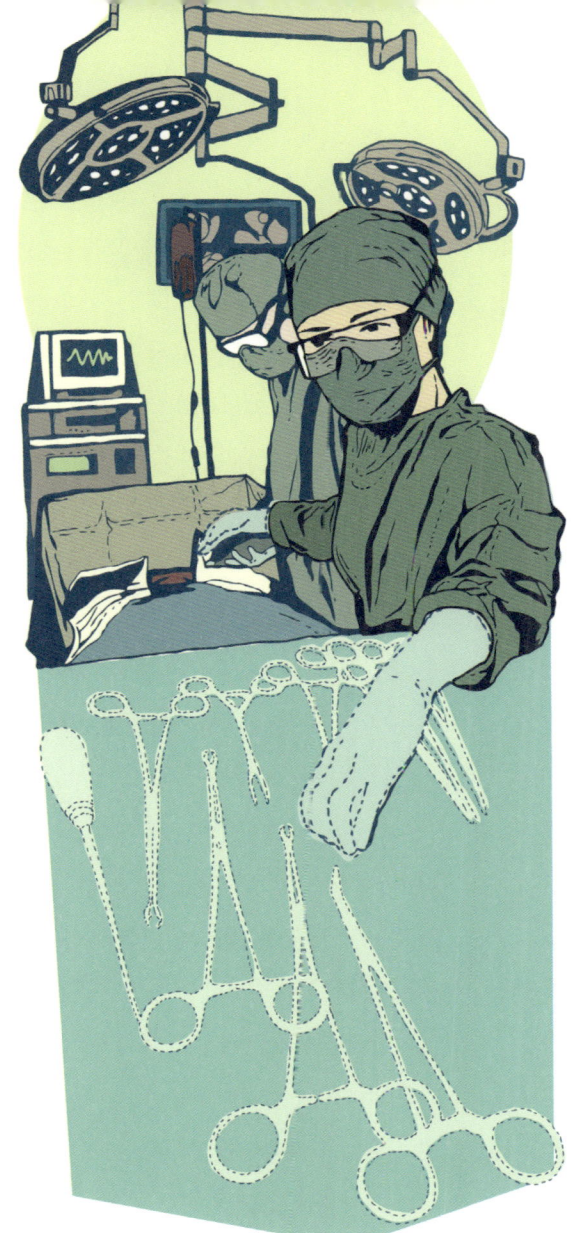

투명화 기술에 가장 눈독을
들이고 있는 사람들은 군사용
으로 투명화 기술을 사용하려
는 사람들이지만, 만일 투명화
기술이 발전한다면 오히려 실
생활에서 다양하게 활용되어
많은 이득을 가져다줄 것이다.
예를 들어 수술할 때 집도하고
있는 의사의 손과 의료 장비가
환자의 환부를 가려서 불편할 때
가 있다. 만일 의사의 손이나 의
료 장비를 투명하게 한다면 환자
의 환부가 더 정확하게 보여서 좀 더 효과
적으로 수술을 진행할 수 있을 것이다. 또 비행기의 바닥을 투명하게 할 수
있다면 활주로의 상태를 조종사가 직접 확인할 수 있어서 더욱 안전하게 이
륙과 착륙을 시도할 수 있을 것이다. 만약 자동차의 하부가 투명하다면 후

진 시에 사고가 나는 것을 예방하는 효과가 있지 않을까?

투명화 기술의 원리는 더 넓은 분야에 응용할 수 있다. 투명 망토는 시냇물이 바위를 만나면 돌아서 흘러가듯이 빛이나 전파가 물체를 만나 반사되지 않고 물체 주위로 돌아가게 하는 것이다. 이른바 음(-)의 굴절률을 가진 메타 물질로 물체를 겹겹이 둘러싸면 빛이 그 물체를 돌아가게 되는데, 여러 과학자들이 성공적인 결과를 계속 보고하고 있다. 최근에는 전자기파가 아니라 지진파도 같은 방법으로 막을 수 있다는 연구 결과가 발표되었다. 만일 그렇게 된다면 지진이 났을 때 건물을 보호하는 일이 가능하고 지진으로 인한 피해를 크게 줄일 수 있을 것이다. 프랑스의 프레넬 연구소와 메나드 연구소의 연구진들이 메타 물질의 개념을 확장해 건물 주위의 지형을 변형해 지진파를 다른 방향으로 유도할 수 있는 방법을 고안했다.

미국 버클리대학교의 모하메드 레자 알램 박사는 투명 망토 원리를 변형하여 파도를 막는 기술을 연구하고 있다고 한다. 바다 위에 떠서 작업하는 시추선은 늘 높은 파도의 위험과 마주쳐야 한다. 만일 파도가 밀려올 때 시추선이 잠시 사라지게 된다면 어떨까? 그리고 파도가 잠잠해진 뒤에 다시 나타난다면? 공상 과학 영화의 한 장면 같다. 알램 박사의 아이디어는 파도가 시추선을 못 보게 하는 것이다. 다시 말해 파도가 시추선에 부딪치지 않고 시추선을 피해 가도록 하는 것이다.

윤리적으로 행동한다는 것은 어떻게 하는 것인가?

마법의 반지를 얻은 기게스나 투명 인간이 된 그리핀은 몸속 깊은 곳에서 꿈틀거리는 욕망을 억제하지 못하고 악의 길로 들어섰다. 그들은 사람까지 해쳤다. 그리핀이 자기편으로 끌어들이려고 했던 대학 동창생 켐프 박사는 그리핀을 쫓는 애다이 총경에게 그리핀이 미쳤고 지독히 자기중심적이며 세상을 공포로 몰아넣을 것이라고 말했다. 왕의 자리를 빼앗은 기게스와 마찬가지로 그리핀은 세상을 지배하려는 야망을 드러냈다. 이들은 자신에게 주어진 엄청난 힘, 다시 말하면 원하면 무엇이든 마음대로 할 수 있는 자유를 얻고 나서 인간의 몸속에 본능처럼 감춰진 은밀한 욕망을 깨웠다.

18세기 독일의 철학자 칸트는 인간이 동물과 다른 점이 도덕성을 가지고 있는 것이라고 주장했다. 인간이든 동물이든 몸을 가지고 있고 본능이 있다. 배고플 때 음식을 먹고 싶은 욕구, 피곤할 때 잠자고 싶은 욕구, 성인이 되면 성적인 짝을 맞이하려는 욕구 등은 본능적인 것이다. 본능적인 욕구는 자연적인 것이다. 또한 인간과 동물은 욕구를 충족시키는 수단을 찾는 능력인 지능을 지니고 있다. 고등한 동물일수록 지능이 높다. 동물과 인간 사이에 차이가 있다면 지능이 좀 더 높거나 낮다는 것인데, 이것이 동물과 인간을 구분하는 본질적 기준이라고 할 수는 없다. 예컨대, 지능 지수 60과 100은 지능의 역량이 다르지만 모두 지능이라는 점에서는 동등하다. 이런 점에서 칸트는 인간에게만 있는 도덕성이 인간의 가장 중요한 특징이라고 생각했다.

칸트는 인간의 마음속에서 본능적 욕구와 도덕성이 경쟁한다고 보았다. 본능적인 욕구는 자연적인 것이다. 그대로 놓아두면 저절로 욕구에 따르게 된다. 동물은 그렇게 행동한다. 그러나 인간에게는 자유 의지가 있다. 그래서 욕구가 있음에도 불구하고 욕구를 거스르는 행동을 할 수 있다. 배가 아무리 고파도 남의 빵을 허락 없이 먹지 않는다. 그것은 도둑질이니까. 아무리 맘에 들지 않고 화가 나더라도 나를 해치려고 하지 않는 사람을 해치지 않는다. 그것은 부당한 폭력 행사이니까. 도둑질이나 폭력은 윤리적인 행동이 아니다. 기게스나 그리핀은 욕구를 억제하지 못해 막강한 힘을 남에게 해를 입히는 수단으로, 오로지 자신에게만 이득이 되는 쪽으로 사용했다. 그들의 행위는 범죄 행위일 뿐만 아니라 비윤리적인 행위였다.

기게스는 마법 반지를 얻어 큰 이득을 보았다. 하지만 우리는 기게스의 행위를 지지하지 않는다. 우리는 아무리 자신에게 이득이 되는 행위라도 비윤리적으로 행위해서는 안 된다고 생각한다. 왜 그럴까? 왜 우리는 윤리적으로 행위해야 하는 것일까? 윤리적으로 행동하다 보면 어떤 경우에는 눈앞의 큰 이익을 놓칠 수 있고 때에 따라 손해를 볼 수도 있다. 그럼에도 불구하고 윤리적으로 행동해야 할 이유가 무엇일까?

이 물음에 답하기 위해서는 먼저 '윤리적으로 행동한다.'는 말이 무슨 뜻인지 알아야 할 것 같다. 사람의 행동은 대게 타인에게 영향을 미친다. 자신이 하는 행동에 의해 영향을 입을 사람들의 이익을 공정하게 살피는 행위를 윤리적이라고 한다. 그런데 어떤 행위에 관련되는 사람들의 이익을 하나도 빠짐없이 살피는 것은 쉽지 않다. 그래서 일정한 원칙에 의해 사람들의 이익을 살피는 것이다. 일반적으로 윤리적인 행동은 행위의 원칙에 따라 이루어진다. 그러므로 건전한 행위의 원칙에 따라, 다시 말하면 도덕적 원칙 혹은 윤리적인 행위 규칙에 따라 행동할 때 우리는 '윤리적으로 행동한다.'고 말할 수 있다.

왜 우리는 윤리적이어야 하는가?

우리가 윤리적으로 행동하는 것을 막는 것은 무엇일까? 우리가 이성을 가진 존재라고 가정할 때, 우리는 어떤 행위를 통해 얻는 이득과 그 행위를 함으로써 지불할 대가의 균형을 잡으려고 한다. 다시 말해서, 지불하는 비용이 적고 보상이 큰 행동을 하려고 한다. 절도범의 경우를 생각해 보자. 도둑질이 윤리적으로 허용되지 않는 행위라는 것은 누구나 아는 사실인데, 어떤 도둑이 한 부잣집을 목표로 삼았다가 포기했다고 가정하자. 왜 그랬을까?

범행을 위해 사전 조사를 해 본 결과, 그 집에는 첨단 보안 시스템이 설치되어 있었고 그 도둑이 뚫을 수 없어 보였기 때문이다. 보안 시스템을 뚫고 들어가면 값나가는 물건을 많이 훔칠 수 있었지만 침입에 실패할 가능성이 높았고 붙잡히면 감옥에 가야 한다. 합리적으로 생각할 줄 아는 사람이라면 그 부잣집에 침입할 생각을 단념할 것이다.

평범한 회사원인 수현 씨는 아버지가 남긴 빚 때문에 심한 독촉에 시달리고 있다고 가정하자. 우연히 옆집 사람들이 여행을 떠나는 광경을 목격하다가 열쇠를 숨기는 장소를 보았다. 알부자로 소문난 옆집 사람이 최근 큰돈을 벌어 집 안에 숨겨 놓았다는 사실도 알고 있었다. 구두쇠인 옆집 아저씨는 경비 시스템에 돈을 쓰는 것도 아까워서 달리 경비 시스템을 마련하지 않았다. 열쇠만 있으면 수현 씨가 집 안에 침입하는 것이 어렵지 않다. 옆집에는 그 흔한 CCTV도 없다. 이를테면 옆집에 침입했을 때 발각될 확률이 1퍼센트도 안 되는데다, 성공하면 큰돈을 얻을 수 있다. 빚을 모두 갚고 더 이상 빚쟁이들에게 시달리지 않아도 된다. 이럴 경우에 수현 씨는 나쁜 마음을 먹을 수도 있다. 합리적으로 자기 이익을 계산하는 사람이라면 옆집에 침입하는 비윤리적인 행동을 할 수도 있다.

물론 비합리적인 상황도 있다. 절박한 상황에서는 아무리 큰 대가를 치르더라도 필요한 이익을 얻기 위해 무모한 행위를 하는 경우가 있을 것이다. 첫 번째 사례의 도둑이 폭력배들에게 협박을 받고 있으며 내일까지 빚을 갚지 않으면 자신이나 가족이 목숨을 빼앗길 위험에 처해 있었다고 가정해 볼 수도 있다.

'왜 윤리적이어야 하는가?'라는 물음에 대한 답변을 플라톤의 《국가》 2권에서 발견할 수 있다. 소크라테스는 정의에 관해 글라우콘과 대화한다. 글라우콘은 트라시마코스에 이어 정의롭게 행동하는 것보다 정의롭지 않게 행동하는 것이 그 사람 개인에게 더 이익이 된다면 정의롭지 않게 행동해도 좋다고 주장한다. 달리 말하면, 자기에게 이익이 된다면 비윤리적으로 행동해도 된다는 것이다. 글라우콘의 주장에 대해 소크라테스는 정의로운 행동이 전체적으로 보아 개인에게 더 이득이라고 답변한다. 다시 말해, 윤리적으로 행동하는 것이 비윤리적으로 행동하는 것보다 개인의 행복에 더 크게 기여한다는 것이다. 그러니까 정말로 행복해지려면 윤리적으로 행동해야 한다는 것이다.

칸트는 소크라테스의 답변에 만족하지 않을 것이다. 우리는 윤리적 행위와 행복이 일치하지 않는 경우를 너무 많이 알고 있기 때문이다. 현실에는 남에게 해를 끼치는 행위를 여러 차례 하고도 사회적으로 성공한 사람들이 많이 있다. 물론 사회적 성공이 반드시 행복을 포함하는 것은 아니다. 반대로 너무도 선량해서 남에게 해를 끼치는 일이라고는 평생 한 번도 한 적이 없는 사람들이 너무도 어렵고 고달프게 사는 모습도 많이 보았을 것이다. 물론 이런 사람들이 행복하지 않을 것이라고 추측하는 것이 꼭 맞지는 않다. 그러나 상식적으로 볼 때, 삶이 고달프고 힘겨운 사람보다는 사회적으로 성공하고 남들의 인정도 받는 사람이 좀 더 행복하지 않을까?

칸트는 우리가 윤리적이어야 하는 이유는 바로 우리가 인간이기 때문이라고 말한다. 윤리적인 행위는 어떤 이유 때문에, 어떤 목적을 달성하기 위해 하는 행위가 아니다. 손님에게 친절한 점원의 행위는 윤리적이라고 평가될 것이 아니다. 그런 점원은 유능한 점원 혹은 좋은 점원일 뿐이다. 왜냐하면 그 점원의 친절로 인해 가게에 손님이 많아지거나 단골손님이 늘어날 것이고, 그것은 결국 가게에 이익이 되기 때문이다. 물에 빠져 허우적대는 사람을 보고 나중에 칭찬받을 일을 생각하거나 그 사람에게 나중에 보상을 받을 것을 생각하지 않고, 그냥 그 사람이 위험에 빠져 있기 때문에 자신의 위험을 무릅쓰고 물에 뛰어드는 경우가 있다. 우리는 그런 행위를 윤리적 행위라고 한다. '곤경에 빠진 사람에게 도움을 주라.'는 윤리적 행위 규칙을 아무 '조건 없이' 받아들이고 그에 따라 행동하였으므로 그 행위는 윤리적인 것이다. 이렇게 윤리적으로 행동할 수 있는 존재가 바로 인간이다.

8

우주 생물학

외계 지능
생명체 탐사와
낯선 것에 대한 반응

외계인과 아이가 서로의 팔을 뻗어 검지 끝을 맞닿은 장면은 할리우드 영화의 명장면 가운데 하나이다. 바로 1984년에 개봉한 영화 〈이티〉에 나오는 한 장면이다. 스티븐 스필버그가 감독한 이 영화는 인간의 표본 채취를 위해 지구에 왔다가 무리에서 낙오되어 지구에 홀로 남겨진 외계인과 지구인 소년의 우정을 그렸다. 소년은 외계인에게 '지구 밖' 혹은 '외계' 생명체라는 뜻으로 이티(ET: Extra-Terrestrial)라는 이름을 붙여 주었다. 스티븐 스필버그 감독은 외계인에 대한 사람들의 환상과 동경을 소년의 동심과 조합하여 멋지게 그려 냈다. 대부분의 SF 영화들이 외계인을 인간과 갈등을 일으키는 존재로 묘사하고, 외계인에 대한 이질감과 공포심을 부각시키고 있지만, 영화 〈이티〉에서는 외계인을 우리의 동심과 교감할 수 있는 온순한 존재로 묘사하고 있다.

기억할 만한 또 한 편의 외계인 영화로 조디 포스터 주연의 〈콘택트〉가 있다. 1997년에 미국에서 개봉한 이 영화는 미국의 천체 물리학자 칼 세이건의 동명의 소설을 영화로 만든 것인데, 외계 지능 생명체 탐사(SETI: Search for Extraterrestrial Intelligence)를 소재로 한 영화이다. 대학에서 과학이나 공학을 전공한 SF 작가는 여럿 있지만 세계적으로 유명한 과학자가 직접 SF 소설을 쓴 경우는 매우 드물다. 세이건은 우주에 대한 무한한 동경과 열망을 지닌 사람이었다. 1980년에 상영한 13부작 TV 시리즈 〈코스모스〉는 우주의 탄생부터 지구 생명의 출현을 포함해 우주의 신비에 대해 다룬 과학 다큐멘터리로, 진행자가 바로 세이건이었다. 세이건은 NASA에서 추진한 여러 건의 행성 탐사 계획에 참여했으며, 캘리포니아 패서디나에 설치된 전파 교신 장치를 통해 외계 생명체와의 교신을 시도하기도 했다.

그런데 지구 최고의 우주 전문가 가운데 한 사람이라고 할 수 있는 세이건의 SF 소설에는 외계인이 단 한 명도 등장하지 않는다. 등장인물이 교신을 시도하는 외계 문명은 UFO 같은 것이 아니다. 오히려 세이건은 세간에 떠도는 UFO 이야기를 혐오한다. 그런 이야기들은 과학적인 이야기를 왜곡하고 진실을 호도하며 미신을 조장한다고 생각하기 때문이다. 세이건은 과학에세이 모음인 《악령이 출몰하는 세상》에서 자신의 이런 생각을 분명하고 단호한 어조로 보여 주었다.

터무니없는 UFO 이야기들

세이건의 책을 보면 사람들 사이에서 회자되는 UFO 이야기들이 얼마나 터무니없는지를 알 수 있다. 사람들이 흔히 알고 있는 외계인 이야기에는 일정한 패턴이 있다. 외계인이 주로 비행접시 모양의 우주선을 타고 지구를 방문하고, 사람들을 납치하고, 지구 곳곳에서 샘플을 수집한다. 외계인이 사람들을 납치하는 것은 품종 개량을 위해 인체 실험을 하기 위해서이다. 1996년에 개봉한 팀 버튼 감독의 〈화성침공〉에서도 지구를 침공한 화성인이 지구인을 납치해 인체 실험을 한다. 팀 버튼은 세간에 떠도는 지구인 납치와 인체 실험 이야기를 조금 풍자적으로 묘사했다. 영화 속에서 화성인은 아무 근거 없이 화성인을 우호적으로 이야기하는 대통령의 과학 자문 위원 케슬러 교수와 방송 리포터 나탈리 레이크를 납치해서 머리 이식을 시도한다. 자신의 인기에만 집착하는 나탈리의 머리는 애완견의 몸통에 이식되었다.

세이건에 따르면, 미국인들 대부분이 외계인이 UFO를 타고 지구를 방문한다고 믿고 있다고 한다. 외계인 이야기를 그대로 믿는 사람들 가운데 어떤 이들은 여론 조사 결과를 토대로 미국인의 2퍼센트가 외계에서 온 존재에 의해 납치된 경험이 있다고 추정한다. 세이건은 1992년에 약 6000명의 미국 성인 남녀를 대상으로 실시한 여론 조사 결과를 예로 들었다. 그것에 따르면, 납치된 이후 잠에서 깨어났을 때 몸을 전혀 움직일 수 없었고 주위에 낯선 존재들이 한둘 있었음을 어렴풋이 의식했다고 답한 사람이 18퍼센트였고, 납치되었던 시간에 겪은 기이한 에피소드를 이야기한 사람이 13퍼센트였다. 또한 어떤 기계 장치의 도움도 없이 공중에 둥둥 떠 있었다고 응답한 사람이 10퍼센트였다고 한다.

세이건은 이런 이야기들을 찬찬히 살펴보면 이해할 수 없는 곳이 한두 군데가 아니라고 했다. 왜 외계인들은 유독 미국인들을 선호할까? 만일 외계인들이 미국인들을 편애하는 것이 아니라면, 미국인에게 일어난 일이 전 세계인들에게도 일어나야 하지 않을까? 그렇게 따져 보면 외계인에게 납치된 경험이 있는 사람들의 수는 전 세계적으로 1억 명이 넘어야 한다. 이게 말이 되는 소리인가? 지난 수십 년 동안 거의 몇 초에 한 번 꼴로 외계인에 의한 지구인 납치 사건이 지구 곳곳에서 발생했다는 말인데, 그렇다면 우리 이웃 중에도 외계인에게 납치되었다가 무사히 돌아온 사람들을 어렵지 않게 만날 수 있어야 한다. 그런데 대부분의 사람들은 아직 그런 사람들의 이야기를 들어본 적이 없다. 우리가 이웃 사람들과 교류를 빈번하게 하지 않는다고 하더라도 직장이나 학교에서 외계인을 만나고 온 사람들의 이야기를 들었어야 하는데, 아직 우리는 책이나 뉴스에서 본 것 말고는 실제의 이야기를 들어본 적이 없는 듯하다.

머나먼 행성 간의 거리를 짧은 시간 안에 올 수 있을 정도로 물리학과 공학이 진보한 외계인들이 왜 유독 생물학 분야에서만 발전을 이루지 못했을까? 그 많은 지구인을 납치할 이유가 있을까? 외계인들이 자신들의 임무를 비밀리에 수행하고 싶다면, 왜 납치했던 지구인을 돌려보낼 때 기억을 지우지 않았을까? 왜 외계인들은 지구인과의 성적 접촉을 되풀이하여 시도하는 것일까? 1977년 9월 지구에서 출발한 우주 탐사선 보이저 1호가 태양계를 벗어나는 데 35년이 걸렸다. 하지만 우리는 세포 복제 정도는 어렵지 않게 할 수 있다. 그런데 태양계들 사이를 왕복하는 외계인들이 세포 복제 하나 못 한다고 가정하면, 그 가정은 그럴듯하지 않다. UFO 이야기에 대해 세이건이 던지는 의문은 이런 것들 말고도 많다.

SETI란 무엇인가?

세이건이 관심을 가졌던 것은 지구를 방문한 외계인과 UFO가 아니라, 까마득한 과거에 빛의 속도로 수만 년 혹은 수억 년을 여행해야 닿을 수 있는 거리에서 존재했을지 모르는 문명이다. 그러니까 세이건의 작업인 SETI는 외계인을 만나는 것이 아니라 과거에 외계인이 우주를 향해 쏘아올린 신호와 만나려는 것이다. SETI를 소재로 한 영화 〈콘택트〉를 통해 우리는 외계인을 만날 수 없고, 대신에 외계인이 보낸 신호를 만날 수 있다는 것을 알 수 있었다.

SETI를 위해서는 중요한 수단이 필요하다. 바로 전파 망원경이다. 우리가 보통 망원경이라고 하는 것은 광학 렌즈를 이용한 광학 망원경이다. 반면에 SETI에 사용되는 망원경은 빛이 아니라 전파를 매개체로 이용하는 전파 망원경이다. SETI는 우주에서 발생하는 전파를 수집하고, 그 가운데 자연적으로 발생한 것이 아니라 인공적으로 만들어졌을 법한 전파를 가려낸다. 인공적으로 만들어진 전파라면 특별한 정보를 담고 있을 것이다. 특별한 정보가 담겨 있는 인공적인 전파 신호를 발견할 수 있다면, 우리는 그 정보를 해독하여 시간과 공간을 뛰어넘어 외계 지능 생명체와 만나게 될 것이다. 아쉽게도 아직까지는 그런 신호를 발견했다는 보고가 없다.

SETI는 우주 어딘가에는 인류 이외에도 지능을 가진 생명체가 존재한 적이 있고, 그들이 인류 문명에 버금가거나 인류 문명을 능가하는 기술 문명을 건설한 적이 있다고 기본적으로 가정한다. 광활한 우주에 우리만 존재한다는 것은 엄청난 공간의 낭비이다. 옛날 사람들도 하늘이 광활하다고 생각했지만 오늘날 물리학에서 입증하고 있는 정도로 클 것이라고는 생각하지 못했다. 우주의 나이는 140억 년이 넘었으며 빅뱅 이후 140억 년 이상을 팽창하고 있으니 우주가 얼마나 클지는 상상이 되지 않을 정도이다. 옛날에는 지구에만 생명체가 존재한다고 생각하는 것이 거의 일반적이었지만, 지금은 생명이 지구에 한정되지 않는다는 생각이 더 지배적이다. 140억 년이 넘는 우주의 나이를 생각해 보아도 그렇고, 우주의 크기를 생각해 봐도 그렇다. 우리가 살고 있는 곳은 태양계인데 태양계가 속한 우리 은하에는 태양과 같은 별이 2000억 개 이상 있다고 한다. 그리고 이 우주에는 우리 은하와 같은 은하가 우리 은하에 있는 별의 숫자만큼 있다고 한다. 이렇게 큰 우주에 지능을 가진 생명체가 우리 밖에 없다는 생각은 불합리해 보인다.

하지만 인간 이외에 지능을 가진 생명체 그리고 그런 지능 생명체가 건설한 문명과 직접 만날 수 있는 가능성은 거의 없다. 지구와 유사하게 생명체가 탄생하고 진화할 수 있는 환경을 가진 행성은 지구에서 가장 가까운 것이라도 수만 광년 떨어져 있다. 우주가 끝없이 광활하고 우주의 나이가 140억 년이라는 기나긴 시간이기 때문에 인류와 같은 지능 생명체가 있고 인류 문명을 넘어서는 문명이 출현했을 것이라고 추측하는 것이지 시간과 범위를 좁게 잡으면 그만큼 가능성은 줄어든다. 지구로부터 수만 광년 이내의 거리에 인류와 거의 같은 시기에 진화하고 문명을 건설한 지능 생명체가 존재할 것이라는 가정은 지극히 근거가 희박하다.

최근 NASA의 보고에 따르면, 화성에 물이 있다는 주장이 거의 확실한 것처럼 보인다. 우리가 아는 한에서 물은 생명의 필수 요소이므로, 물이 발견된 화성에 생명체가 있을지 모른다는 추측이 이어지고 있다. 물이 있다면 생명이 있었거나 있을 가능성이 매우 높다. 하지만 화성에서 생명체 혹은 그 흔적이 발견된다고 해도 그것은 박테리아 수준일 가능성이 높다. 박테리아 수준의 생명체와 지능 생명체 사이에는 넘기 어려운 간격이 있다. 박테리아

수준의 생명체가 발생한 행성들이 다수 있다고 가정해 보자. 그 가운데 인류 정도의 지능 생명체가 나타난 경우가 얼마나 될까? 이와 같은 진화는 자연이 보장하지 않는 사건이다. 지구의 경우를 보더라도 초기 생명에서 인류로까지 진화하는 데 40억 년에 가까운 시간이 걸렸다. 그렇게 생각하면 우주에서 지능 생명체가 출현한 것은 꽤나 흔치 않은 사건이었을지 모른다. 그래도 우주의 광활함과 한없는 시간을 감안하면 기대해 볼 만한 사건이긴 하다.

앞에서 언급했듯이 SETI는 우리와 만날 수 있는 우주인을 찾는 것이 아니라 수백 만 년 혹은 수억 년 이전에 우주 어딘가에 존재했을지 모르는 외계 문명에서 우주를 향해 발사한 전파를 포착하려는 것이다. 지구에는 매일매일 수많은 전파들이 우주로부터 쏟아진다. 이 전파들은 자연적으로 발생한 것들이다. 혹시 그 가운데 자연적으로 발생한 것이라고 여겨질 수 없는 것, 다시 말해 수학적 규칙에 따라 배열된 인공적인 것을 찾아낸다면 그것이 외계인이 보낸 메시지일 가능성이 있다. 물론 그렇다고 해도 우리는 그 외계인을 만날 수 없다. 이미 오래 전에 우주에서 사라지고 없을 테니까.

외계 문명이 존재할 가능성

인간이 외계 문명에 관심을 가진 것은 아주 오래된 일이다. 단순한 상상이 아니라 과학적인 관점에서 접근하기 시작한 것도 몇 세기 전의 일이다. 18세기 말에 유럽에는 외계 문명의 문제를 다룬 과학 서적이 다수 있었다. 1686년에 출간된 퐁트넬의 《세계의 다수성에 관한 대화》와 19세기에 출간된 카미유 플라마리옹의 《생명체가 살고 있는 세계의 다수성》이 대표적이다.

19세기 초에 유럽인들은 혹시 있을지도 모를 외계 문명과의 교신을 시도했다는 기록이 있다. 위대한 수학자 가우스는 시베리아의 넓은 들판을 활용해서 달이나 지구에서 가까운 행성과 소통을 시도해 보자는 제안을 했다. 가우스는 넓은 시베리아 들판에 직각 삼각형 모양의 밀밭을 조성하고 그 주위에 전나무를 빽빽이 심자는 방안을 제시했다. 그렇게 하면 색깔과 형태가 뚜렷하기 때문에 달이나 지구에서 가까운 행성에 외계인이 산다면 알아볼 것이라고 상상했다. 또한 가우스는 거대한 거울을 만들어서 달에 신호를 보내는 방안도 제시했다. 19세기 말에는 전기 공학자 니콜라 테슬라가 다른 행성의 생명체가 전기 신호 형태의 메시지를 보내고 있을지 모른다고 상상하고 그런 신호를 포착하기 위해 애썼다.

20세기 중반에 들어와 전파 천문학이라는 새로운 학문이 등장했다. 전파 망원경이라는 혁신적인 도구 덕분에 우주 공간을 체계적으로 탐색하는 작업이 시작되었다. 1960년에 드디어 SETI 프로젝트의 첫 번째 시도가 시작되었다. 이른바 오즈마 프로젝트이다. 전파 천문학자 프랭크 드레이크와 컴퓨터 과학자 버나드 올리버의 공동 작업으로 진행된 오즈마 프로젝트는 미국 웨스트버지니아 주의 국립 전파 천문대에 있는 전파 망원경을 태양에서 12광년 떨어진 두 개의 별, 즉 타우 세티와 엡실론 에리다니 쪽으로 향하게 하여 매일 6시간씩, 7개월 동안 전파를 수신했다. 오즈마 프로젝트는 별다른 성과를 거두지 못했다.

오즈마 프로젝트 이후에도 다양한 SETI 프로젝트들이 진행되었지만 아직까지 외계의 지적 생명체가 존재했다는 증거를 찾지 못했다. 최근 언론의 이목을 끄는 계획이 발표되어 진행되고 있다. 세계적인 물리학자 스티븐 호킹 박사와 러시아의 기업가 유리 밀러가 힘을 합해서 사상 초대 규모의 SETI 프로젝트인 브레이크스루 리슨을 진행하고 있다. 2016년에 시작된 이 프로젝트는 과거 어느 때보다 우수한 최첨단 장비를 활용해 앞으로 10년 동안 진행될 것이다.

2015년 브레이크스루 리슨의 기자 회견장에 나온 유리 밀너와 스티븐 호킹

드레이크 방정식과 외계 생명체의 존재 가능성

드레이크는 오즈마 프로젝트를 시작한 1년 뒤인 1961년에 그 유명한 드레이크 방정식을 발표했다. 이 방정식은 우리 은하에 존재하는 교신 가능한 문명의 수를 계산하는 것으로, 우리 은하 안에 지능을 가진 생명체의 존재 가능성을 계산하는 식이다. 드레이크는 이 방정식의 해가 1만 이상일 것이라고, 다시 말해 우리와 교신 가능한 지적 문명이 우리 은하에 1만 개 이상 있을 것이라고 추정했지만, 아직까지 그런 증거는 발견되지 않았다. 각각의 변항을 어떻게 추정하는지가 방정식의 해를 구하는 데 필수적이지만, 각 변항을 추정하는 방법에 있어서 여러 의견이 분분했다.

최근 미국 로체스터대학교의 아담 프랭크 교수가 드레이크 방정식에 대해 새로운 견해를 내놓았다. 그는 드레이크 방정식에 내재하는 세 가지 불확정성 때문에 방정식의 해를 구하는 것이 어려웠지만, 최근까지 쌓인 우주에 대한 지식 덕분에 그런 불확정성들이 충분히 완화되었다고 말한다. 프랭크 교수는 그 덕분에 드레이크 방정식의 해를 좀 더 정확하게 추정할 수 있게 되었다. 아담 프랭크 교수는 우주에 기술이 발달한 문명이 인류밖에 없을 가능성은 100억조 분의 1이라고 주장한다. 다시 말하면, 우주에는 그동안 수많은 기술 문명이 존재했었다는 말이다. 하지만 프랭크 교수는 그런 기술 문명이 현재에도 존재할 가능성은 희박하고 인류 문명 이전에 등장했다가 이미 사라졌을 가능성이 매우 높다고 덧붙였다.

영국의 천체 물리학자인 마틴 리스는 외계 문명의 가능성으로 새로운 상상을 제안한다. 리스는 SETI 프로젝트를 통해 인공적인 신호를 감지할 가능성을 부정하지 않았으며, 그런 신호가 감지될 경우에 그것은 지구와 비슷한 행성의 문명이 보낸 신호가 아니라 자유롭게 떠도는 비유기적인 뇌에서 보내온 신호일 가능성이 크다고 주장한다. 다시 말하면, 고도로 발전한 인공 지능이 만들어 내는 신호라는 것이다. 인간과 같은 유기체는 언젠가 사라지기 마련이지만 인공 지능이나 로봇은 상상할 수 없을 만큼 긴 시간 동안 유지될 수 있기 때문이다.

다른 것, 낯선 것에 대한 두려움과 이성적 사고

그런데 만일 외계 문명이 존재하고 우리가 외계 생명체를 만나게 된다면, 우리는 그들을 어떻게 대해야 할까? 외계 생명체를 괴물로 표현한 영화들이 많다. 대표적으로 〈에이리언〉이나 〈프레데터〉 같은 공포 영화들이 떠오른다. 팀 버튼은 영화 〈화성침공〉에서 화성인을 기괴한 존재로 묘사했다. 외계인 영화의 주요 테마는 침공, 정복, 파괴 등이다. 우리의 영웅들은 지구를 침공하고 지구를 정복하고 도시를 파괴하는 외계인에 맞서 싸운다. 힘겨운 일이지만 결국 우리의 영웅들이 승리하고 지구와 지구 문명이 보존된다. 이것이 외계 생명체를 적대적으로 묘사하는 영화들의 일반적인 패턴이다.

우리는 다른 것을 싫어하는 경향이 있다. 아니, 싫어한다기보다는 두려워하고 경계심을 갖는다. 그리고 더 나아가서 적대시하고 공격성을 표현한다. 물론 이 공격은 일차적으로 방어적 동기에서 비롯한 것이다. 낯선 것에 대해 경계하고 두려움을 갖는 것은 지극히 본능적인 것이다. 동물들이 낯선 것에 대해 취하는 태도를 보면 이해할 수 있을 것이다. 포식자로부터 자기 새끼와 자신을 보호하기 위해 동물은 공격적이 된다.

뇌 과학자들은 실험을 통해 우리가 다른 것, 낯선 것에 대해 본능적으로 경계 태도를 취한다는 것을 확인해 주었다. 피험자들에게 그들 자신과 다른 인종의 사진을 보여 주었을 때, 대부분의 피험자에게서 경계나 긴장, 부정적 느낌을 일으키는 대뇌변연계의 특정 부위가 활성화되는 것이 관찰되었다. 이런 반응은 평소 인종 차별에 대해 어떤 성향을 지니는가 하는 것과 무관했다. 이것은 다른 것, 낯선 것에 대한 경계 반응이 우리의 본능적 성향이라는 것을 확인시켜 준다.

하지만 인간은 본능적인 성향 이외에 이성적인 능력을 지니고 있다. 대뇌변연계의 반응 이후에 이성의 기능을 담당하는 대뇌 전전두엽의 활성화에서 사람들마다 차이가 나타났다. 어떤 피험자들에게서는 대뇌변연계의 경계 반응이 지속되었으며, 어떤 피험자들에게서는 전전두엽이 활성화되면서 변연계의 경계 반응이 사라졌다. 전자의 피험자는 평소 인종 차별적 성향을 보인 사람들이었고, 후자의 사람들은 인종 차별적 성향이 적은 사람들이었다. 이 실험에서 우리는 무엇을 알 수 있을까? 낯선 것, 다른 것에 대한 거부 반응과 경계심을 갖는 것은 본능적인 것이지만, 이성의 힘이 그러한 본능적인 경향을 통제할 수 있다는 것이다.

다른 것, 낯선 것은 인종만이 아니다. 우리는 성별, 종교, 문화, 지역, 신념 등 수 많은 낯선 것과 다른 것을 살면서 경험한다. 반대로 낯설고 다른 것에 대한 부정적 반응은 같은 것, 익숙한 것에 대한 지나친 동질감과 애착을 낳는다. 우리 사회에서 근절해야 할 것으로 자주 언급되는 학연, 지연, 혈연에 바탕을 둔 불공정과 부당함의 뿌리가 이것일 듯하다.

그리스 신화를 보면, 공포를 불러올 만큼 강력한 괴물을 물리치는 영웅의 이야기가 많다. 메두사를 물리친 페르세우스, 히드라를 무찌른 헤라클레스, 미노타우로스를 때려 눕힌 테세우스, 황금 양피를 지키는 용을 처치한 이아손 등이 그런 영웅들이다. 그런데 이 괴물들을 물리치기 위해 영웅들이 이민족의 나라로 떠난다는 사실에서 어떤 이는 그리스 신화가 자민족 중심주의에 빠져 있다고 주장한다. 이방인과 이민족을 괴물로 묘사하고 당연히 무찔러야 할 대상으로 취급했다는 점에서 말이다. 그럴 듯한 생각이다.

중국의 신화와 전설에서는 이런 사고가 더욱 심각하다. 위앤커의 《중국 신화 전설》은 중국의 중심에서 멀리 떨어진 변방의 이민족을 기고한 존재로 묘사하고 있다. 생김새가 다른 사람들이 사는 나라를 이형국이라고 하고 품성이 별난 사람들이 사는 나라를 이품국이라고 구분했다. 몇 가지간 예를 들어 보면, 중국의 남방으로 가면 교경국이 있는데 그 나라 사람들은 키가 120센티미터이며 두 다리가 구부러져 서로 얽혀 있다. 시훼국 사람들은 입이 모두 돼지처럼 생겼으며, 삼수국 사람들은 머리가 세 개였다. 그리고 동방으로 가면 흑치국이라고 있는데 그 나라 사람들은 치아가 온통 옻칠을 한 듯 검었다. 현고국 사람들은 허리 아래가 검었고 갈매기를 주식으로 했다고 한다. 변방의 나라를 이형국과 이품국으로 묘사한 중국 신화에는 지독한 중화주의가 배어 있다.

고대 그리스의 역사가 헤로도토스는 《역사》라는 책에서 자신과 같은 것에 지나치게 애착을 보이고 다르고 낯선 것에 대해 얼마나 적대적인지를 페르시아인의 사례를 통해 이야기했다. 페르시아인은 자신들과 가까운 이웃 나라 사람을 가장 존중하고 자신들로부터 멀리 떨어진 나라 사람일수록 경멸하였는데, 그 이유는 간단하다. 자신들이 가장 우월한 민족이라고 생각했기 때문이다. 자신들로부터 멀어질수록 자신들이 가진 장점을 배울 수 없기 때문에 미개하고 열등하다고 보았다.

위에서 언급한 다른 인종에 대한 대뇌변연계의 반응 양태에 다한 또 다른 연구가 있었는데, 어릴 때부터 다양한 인종과 함께 생활했던 사람들은 다른 인종의 사진을 보았을 때 대뇌변연계에서도 부정적 반응의 징후가 관찰되지 않았다고 한다. 그러니까 다른 인종에 대한 부정적 반응은 익숙하지 않은 것에 대한 본능적인, 일차적 반응일 뿐이라는 것이다. 다행히 인간인 우리는 이성을 지니고 있고 사리를 분별하고 숙고할 수 있기 때문에 낯설고 다른 것에 대한 생물학적인 원초적 반응에 지배받지 않을 수 있다.

9
신경 공학

뇌를 바꾸면
사람도 바뀔까?

찰스 디킨스의 소설 《크리스마스 캐롤》에는 유명한 구두쇠가 등장한다. 바로 스크루지이다. 이 소설은 크리스마스 전날 밤, 비록 꿈이었지만 스크루지가 영혼이 되어 유령들과 함께 과거와 현재, 미래를 들여다보고 잘못된 마음을 고친다는 이야기를 담고 있다. 스크루지의 경험은 소설 속 이야기, 아니 꿈속에서 벌어진 것이었지만 실제로도 영혼이 몸에서 빠져나가는 경험을 했다는 사람들이 있다. 또 반대로 다른 사람의 영혼이 자신의 몸속에 들어왔다고 주장하는 사람들도 있다. 세계 각지의 토속 종교를 연구하는 루마니아 출신의 미국 종교학자인 미르체아 엘리아데는 빙의와 탈혼을 구분했다. 엘리아데는 샤머니즘에 대해 설명하면서 무당의 혼이 육체를 빠져나가 신계를 여행하는 것을 탈혼이라고 부르고, 다른 혼령이 무당의 몸속으로 들어오는 것을 빙의라고 불렀다. 엘리아데에 따르면, 탈혼은 유목 생활을 하는 북방 시베리아인에게서 주로 발견되고 빙의는 농경 사회에서 주로 발견된다고 한다.

빙의나 탈혼과는 다르지만, 영화나 애니메이션에서는 영혼과 몸이 바뀌어 벌어지는 해프닝이 종종 등장한다. 일상에서는 경험할 수 없는 소재로 풀어낸 이야기는 흥미롭다. 할리우드 영화 〈18 어게인〉은 할아버지와 손자의 영혼이 바뀌는 것을 소재로 한 코미디이다. 남부러울 것이 없이 살아온 잭 왓슨은 81살 생일 파티에서 '다시 18살이 되었으면 좋겠다.'고 소원을 빌었는데, 우연히 손자와 함께 교통사고를 당하고 손자와 영혼이 맞바뀌었다. 다시 말해, 81살 잭 왓슨 할아버지의 영혼이 18살 손자의 몸속에 들어간 것이다. 다시 18살 청춘의 몸을 얻은 할아버지는 손자를 위해 활약을 펼친다. 엄마와 딸의 영혼이 바뀐 이야기도 있다. 일본 영화 〈비밀〉은 이것을 소재로 한 미스터리 러브 스토리이다.

뇌를 이식한다는 상상과 현실

몸과 영혼이 바뀌는 이야기들은 신비적이거나 환상적이다. 반면에 과학적으로 이런 주제를 다룬 소설이나 영화도 있다. 일본의 대표적인 추리 소설 작가인 히가시노 게이고의 소설 《변신》은 뇌 이식 수술을 소재로 했다. 선량한 소시민 나루세 준이치는 어느 날 강도를 만나 총상으로 오른쪽 뇌에 심각한 손상을 입지만 다행히 다른 사람의 뇌를 이식받을 수 있었다. 한쪽 뇌를 다른 사람의 것으로 이식한 이후에 준이치에게는 많은 변화가 생겼다. 화가가 꿈이었지만 더 이상 그림을 제대로 그릴 수 없었으며, 오히려 음악을 잘 알아듣게 되었다. 사랑하는 여인 메구미를 보아도 이젠 가슴이 두근거리지 않는다. 겁 많고 얌전했던 준이치였지만 수술 후에는 도전적이고 폭력적인 성향까지 보였다. 카프카의 단편 소설 《변신》에서 주인공 그레고르는 어느 날 아침에 눈을 뜨자 자신이 벌레로 변해 있는 것을 발견했지만, 게이고의 《변신》에서는 주인공 준이치가 사고가 나서 수술을 받고 다시 눈을 떴을 때 자신이 다른 사람이 된 것처럼 느꼈다.

뇌 이식은 소설에 나오는 상상만은 아니다. 2013년에 미국 로체스터대학교의 스티븐 골드만 박사는 사람의 뇌 세포를 쥐에게 이식하는 실험을 했다. 골드만 박사는 사람의 뇌 세포 이식으로 쥐가 더 똑똑해졌다고 결론 내렸다. 이 실험에서는 사람의 유산된 태아의 뇌에서 채취한 신경 교세포를 갓 태어난 새끼 쥐의 뇌에 이식했다. 신경 교세포는 신경 세포와 더불어 신경 조직을 구성하는 세포이다. 사람의 신경 교세포를 이식받은 쥐가 다 자랐을 때, 일반적인 쥐와 비교하는 실험을 했다. 사람의 뇌 세포를 일부 이식받은 쥐가 다른 쥐들보다 더 빠른 반응 속도를 보여 주었다. 이 쥐는 미로 찾기 테스트에서 일반 쥐보다 2배 빨리 길을 찾아냈다. 이와 같은 실험 결과가 나온 이유는 쥐에게 이식한 태아의 뇌 세포의 일부가 쥐의 뇌 조직에 정상적으로 통합되었기 때문이었다.

신경 교세포는 혈관과 신경 세포 사이에 위치하여 신경 세포의 지지, 영양 공급, 노폐물 제거, 식세포 작용 등을 담당하는데, 태아의 신경 교세포의 일부가 쥐의 신경 회로 속에 통합되어 있는 것이 확인되었다. 또한 해마의 신경 세포들을 연결하는 시냅스가 다른 쥐들에 비해 튼튼했다. 해마는 뇌에서 기억과 학습을 담당하는 중추이다. 이 실험은 비록 뇌 세포의 이식이었지만 뇌 역시 이식할 수 있을 것이라는 기대감을 갖게 한 실험이었다. 사람의 뇌 세포 이식술 역시 성공을 거둔다면, 파킨슨병이나 치매, 혹은 뇌 질환으로 인한 마비 환자를 치료하는 길이 열릴 것이다.

성공적인 뇌 이식에 관한 보고는 훨씬 이전에 있었다. 1982년에 미국 뉴욕 시에 있는 마운트 시나이 병원의 내분비과 의사인 도로시 크리거 박사가 쥐를 대상으로 부분적인 뇌 이식 수술에 성공했다. 8마리의 쥐를 대상으로 실험하여 7마리에서 성공적인 결과를 거두었다고 한다. 크리거 박사는 황체 형성 호르몬 방출 호르몬을 생산하는 뇌의 부위를 한 쥐에서 떼어 내어 다른 쥐의 뇌에 이식했고, 이식된 뇌의 조각이 이식받은 쥐의 뇌에 통합되어 정상적으로 작동했다고 한다.

머리 이식이라는 무모한 시도?

뇌는 우리 신체에서 가장 복잡하고 민감한 부분이어서 가장 다루기 힘들다. 아직 뇌 전체를 이식하는 시도를 할 수는 없는 듯하다. 그런데 뇌를 분리해서 이식하는 대신에 두개골 전체, 즉 머리를 이식하는 시도는 그동안 여러 차례 있었다.

1908년에 찰스 거드리가 개의 머리를 다른 개의 목에 접합하는 수술을 했다고 한다. 동물 간 심장 이식으로 명성을 날렸던 소련의 외과의사 블라디미

르 데미코프는 개 두 마리의 머리를 서로 바꾸는 데 성공했다고 한다. 1970년에 미국의 로버트 화이트 박사 팀은 원숭이의 머리를 다른 원숭이의 몸통에 이식하는 데 성공했다. 화이트 박사의 실험은 어느 정도 성공적이었다. 수술 후에 뇌전도 검사를 통해 뇌가 정상적으로 작동하고 있다는 것을 확인할 수 있었다. 다른 원숭이의 뇌를 이식받은 원숭이는 냄새를 맡고, 맛을 느끼고, 소리를 듣고, 사물을 보는 데 문제가 없었다. 물론 오래 살지는 못했다. 화이트 박사의 시술은 신경은 그대로 둔 채 혈관만 연결한 것이었으므로 정상적인 활동은 불가능했다. 다른 원숭이의 머리를 이식받은 원숭이에게 처음에 아무런 면역 반응이 일어나지 않았다는 사실이 놀라웠다. 이 사실로 미루어 보면 뇌가 면역학적으로 특별한 기관인 듯하다. 화이트 박사의 원숭이는 이식 수술 후 9일 만에 죽었다. 면역 거부 반응이 드디어 나타났기 때문이었다. 동물의 머리 이식 실험은 2002년에도 있었다. 일본의 연구진이 쥐를 대상으로 실험을 했는데, 두 마리 쥐의 머리를 완전히 바꾼 것이 아니라 한 쥐의 머리를 다른 쥐의 몸통에 이식했다. 결과적으로 머리가 둘이 달린 쥐가 되었다고 한다.

　최근 머리 이식과 관련하여 새로운 논란이 일고 있다. 2015년도에 머리 이식 수술을 준비하고 있다고 언론에 발표해 사람들을 놀라게 한 연구진이 2016년 6월에 또다시 머리 이식 수술에 관한 논문을 발표했기 때문이다. 이탈리아의 세르지오 카나베로 박사, 중국의 샤오핑 렌 박사, 그리고 한국의 김시윤 연구 교수 등이 논문의 공동 저자이다. 이 논문에서는 지난 2005년 교통사고로 척추가 손상된 미국인 여성과 2014년 사고로 척추 손상을 당한 일본인 남성의 사례를 담고 있다.

　카나베로 박사 등은 내년에 머리 이식 수술을 감행할 것으로 보인다. 척추성 근위축증을 앓고 있는 러시아의 컴퓨터 프로그래머 발레리 스피리도

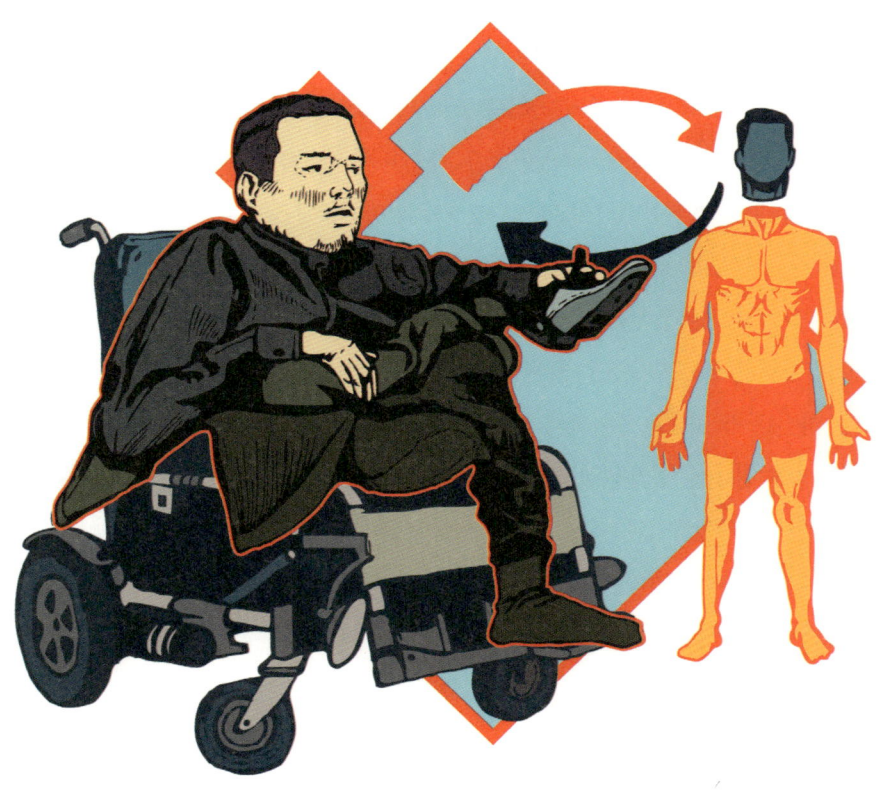

노프가 수술 대상이다. 계획은 2017년 중국 하얼빈의과대학교 부속 병원에
서 수술을 진행하는 것이다. 수술에는 신경외과 전문의는 물론, 혈관 전문
의, 정형외과 전문의 등 150명 규모의 의료진이 투입되며 예상 수술 시간은
약 40시간에 이를 것이라고 한다. 수술 준비를 위해 가장 중요한 것은 몸체
를 기증할 뇌사 상태의 환자를 찾는 것이다.

머리 이식이 성공할 수 있을까?

카나베로 박사와 렌 박사는 수술의 성공을 장담하고 있다. 그들은 실험용
쥐를 대상으로 수없이 머리 이식 수술을 실험했다고 한다. 원숭이로도 실험
을 한 것으로 알려졌다. 원숭이 실험에서는 신경 연결 없이 혈관 연결만 시

술했는데, 머리 이식 이후에 뇌에 혈액이 제대로 공급되는지 확인하는 것이 실험의 목적이었다고 한다. 카나베로 박사 등은 정말 머리 이식 수술에 성공할까?

현재 팔과 다리를 이식하는 것도 생각만큼 쉽지 않다. 혈관이나 근육을 연결하는 것은 가능하지만 신경을 연결하는 것은 매우 힘들기 때문이다. 떨어진 수족을 연결했을 때 이전처럼 온전하게 움직이게 하는 것은 거의 불가능하다. 그런데 머리를 이식할 수 있을까?

팀 버튼 감독의 SF 코미디 영화 〈화성침공〉에서 자극적이었던 장면 가운데 하나가 머리 이식이었다. 지구를 침공한 화성인은 대통령의 과학 자문 위원인 케슬러 교수와 패션쇼 앵커우먼 나탈리 레이크를 납치하여 실험을 했다. 화성인이 지구인을 대상으로 한 실험이 머리 이식이었다. 극중에서 매우 좋지 않게 묘사된 나탈리 레이크의 머리가 그녀의 강아지의 몸통에 이식되어 있는 모습은 꽤 우스꽝스러웠다. 지구 방위군의 핵미사일 공격도 간단하게 처리해 버리는 화성인의 과학 기술이라면 이런 시술을 간단히 할 수 있을지도 모르겠다.

일본의 SF 애니메이션의 걸작 가운데 하나인 〈공각기동대〉는 뇌 이식이 일반화된 세상이 그려지고 있다. 전뇌라는 인공적인 뇌가 등장하고 전뇌와 생물학적 뇌의 혼합 형태인 사이보그 뇌도 등장한다. 이 애니메이션에서는 인공적인 몸인 의체가 생물학적인 몸을 대체하기 때문에 의체에 뇌를 이식하는 일이 빈번하게 이루어진다. 〈공각기동대〉 속의 세상에서는 생물학적인 몸이 더 이상 우리의 운명이 아니다. 《우리는 어떻게 포스트 휴먼이 되었는가》의 저자 캐서린 헤이스가 말한 것처럼 〈공각기동대〉 속의 세상은 육체로부터 완전히 해방된 세상이다. 그래서 우리가 생물학적인 육체로부터 벗어날 수 있을 뿐만 아니라, 물리적인 뇌를 벗어날 수도 있다. 그러니까 모든 물리적인 것으로부터 해방되어 네트워크 속으로 들어갈 수도 있다. 우리 마음의 본질은 생물학적이거나 물리적인 뇌가 아니라 정보의 패턴이기 때문이다.

카나베로 박사가 시도하려는 머리 이식의 관건은 척추 신경을 연결하는 것이다. 현재로서는 이것이 가능해 보이지 않는다. 신경 조직은 뇌와 우리 신체 사이에서 신경을 전달하는 역할을 한다. 그런데 신경 조직은 약간의 상처만 나도 신호를 제대로 전달하지 못한다. 척추 손상이 어떤 신체적 손상보다도 심각한 것은 이런 이유 때문이다. 머리를 이식하려면 일단 척추를 절단해야 하는데, 이 과정에서 심각하게 척추 신경 조직이 손상될 것이고, 이를 복원할 방법으로 아직 뾰족한 수가 없다.

문제는 기술이 아니라 윤리

뇌 이식의 가장 큰 문제는 기술적인 한계가 아니라 윤리적인 문제와 철학적인 난제이다. 먼저, 안전이 전혀 보장되지 않은 수술을 감행하는 것은 윤리적으로 정당화될 수 없다. 머리 이식 수술은 아직 감행해 본 적이 없는 수술이며, 동물을 대상으로 한 실험에서도 성공한 적이 없다. 동물이 수술 후 몇 시간 혹은 며칠 동안 연명한 것을 성공이라고 할 수는 없다. 수술 후에 정상적인 활동이 가능한 정도의 성공은 아직 동물 실험에서도 기록된 적이 없다. 현재로서는 머리 이식 수술이 기술적으로 가능하다고 자신 있게 말할 수 있는 전문가가 있을지 모르겠다. 이런 상황에서 머리 이식 수술을 감행하는 것은 의사로서의 윤리적 책임을 무시한 행위로 보인다. 환자의 생명을 보호하고 건강을 증진하는 것이 의사의 본분이라는 것은 〈의사 윤리 강령〉의 첫 번째 조항에 나와 있다. 카나베로 박사의 인간 머리 이식 수술은 환자의 생명을 보호하는 시술로 이해되지 않는다. 또한 머리 이식 수술은 의학적으로 인정받은 시술이 아닐뿐더러 시험적인 시술로도 보기 어려운 수술이다.

난치병 환자의 경우, 인정되는 모든 방법을 동원했지만 치유될 기미가 보이지 않을 때, 임상 시험 중에 있는 방법을 사용해 볼 수 있다. 이 경우는 위험이 수반되는 새로운 방법을 사용했을 때와 그렇지 않았을 때의 결과를 비교하면 상식적으로도 납득할 수 있을 것이다. 치명적인 상황에서 벗어날 수 없는 상태라면 위험이 수반되지만 치유의 가능성이 있는 시술을 시도할 수 있다. 하지만 카나베로 박사의 머리 이식 수술은 이 경우에 해당하지 않는다. 스피리도노프는 척추성 근위축증으로 하반신 마비 상태이지만 생명을 위협받는 상태는 아니다. 만약 머리 이식 수술이 실패할 경우에 환자는 목숨을 잃는다.

머리 이식을 위해서는 이식용 신체를 기증받아야 하는데, 이것은 이식용 장기를 기증받는 경우와 좀 다르다. 머리를 제외한 몸통 전체를 다른 사람이 사용할 수 있도록 기증할 사람이 있을까? 다른 사람이 생명을 지킬 수 있도록 우리 몸의 일부분을 기증하는 것이 비록 어려운 일이기는 해도 좋은 의도로 얼마든지 할 수 있는 일이다. 그런데 다른 사람의 생명을 위해 내 몸 전체, 더 정확히 말하면 머리를 제외한 몸 전체를 기증하는 것도 이런 식으로 생각하고 허용할 수 있을까? 장기 일부를 기증한 이후에 죽은 사람은 화장을 하는 등의 장례를 치를 수 있지만, 몸통을 기증하고 머리만 남은 사람의 장례를 치른다는 것을 상상할 수 있을까? 머리가 중요하기는 하지만 그것이 어떤 사람의 전부는 아닐 듯하다. 어쨌든 우리의 상식으로는 몸통 전체를 이식용으로 기증하는 행위를 아직 수용하지 못할 듯하다.

뇌 이식 혹은 머리 이식은 심각한 정체성 문제를 발생시킨다. 〈페이스 오프〉라는 영화에서는 얼굴을 바꾸는 이야기가 나온다. FBI 요원인 주인공은 테러를 막기 위해 의식 불명 상태에 빠진 냉혹한 테러범과 얼굴을 바꾸는 시술을 받는다. 주인공은 테러범의 얼굴을 가졌으므로 이제 테러범이 된 것일까? 아니면 얼굴을 바꾸었더라도 주인공은 여전히 그 주인공인 것일까? 우리의 상식에서는 후자가 답이다. 사람의 정체성을 결정짓는 것은 얼굴이 아니라 다른 무엇이다. 테러범의 얼굴을 가졌다고 해도 주인공은 여전히 같은 사람일 것이라고 생각한다. 주인공의 인격은 성형 수술을 하거나 얼굴을 바꾸는 시술로도 변하지 않기 때문이다.

그러면 뇌, 혹은 머리를 이식한 경우는 어떨까? A의 머리가 B의 몸통에 이식되었다면, 이식 후에 그 사람은 A일까 B일까? 상식적으로 머리의 주인이 몸의 주인이다. 카나베로 박사가 계획하고 있는 수술의 목적도 머리의 주인이 온전한 몸을 갖게 하기 위한 것이다. 하지만 정반대의 경우도 생각할 수 있지 않을까? 몸통에 머리를 이식하려는 경우도 있지 않을까? 온전한 몸을 원하는 사람도 있지만, 몸의 주인이 머리를 이식받으려는 경우도 발생할 수 있지 않을까? 이식 수술을 하게 된 의도를 기준으로 수술 이후의 정체성을 판단하기는 어려울 듯하다. 물론 머리를 이식용으로 기증받는 경우는 현재로서는 생각할 수 없다. 살아 있는 머리를 기증받을 수는 없기 때문이다. 몸을 기증받는 경우는 뇌사 상태에 빠진 경우에 가능한데, 뇌사 상태라면 뇌는 이미 죽은 이후이므로 이식할 수 없다.

뇌 전체가 아니라 절반의 뇌만을 이식하는 경우에는 정체성 문제가 더 심각해진다. 위에서 언급한 히가시노 게이고의 소설 《변신》에서 주인공은 절반의 뇌를 이식받는다. 좌뇌와 우뇌 가운데 어느 한쪽에 인격이 있는 것이 아니라면 좌뇌의 인격과 우뇌의 인격이 다르지 않을까? 그러면 뇌의 반쪽을 이식받은 사람은 두 개의 인격을 지니게 될까? 아니면 두 인격이 결합해서 새로운 인격이 생겨날까?

우리는 보통 뇌가 사고와 감정의 중추이므로 머리의 주인이 정체성의 주인공이라고 생각한다. 그런데 다음의 사례를 한번 생각해 보자. C의 머리에 D의 몸통을 이식받은 사람이 수술을 통해 건강을 되찾고 아이까지 낳았다고 상상해 보자. 머리의 주인이 몸의 주인이므로 이 경우에 아이는 C의 아이라고 보아야 한다. 그런데 생물학적으로 보면 다른 결론이 나온다. 아이의 유전자는 C와 일치하는 것이 아니라 D와 일치할 것이다. 생물학적으로 보면 아이와 C 사이에는 친자 관계가 성립하지 않을 것이며, 아이는 D와 친자 관계가 성립할 것이다.

내가 나인 이유는 무엇인가?

나는 태어나서 지금까지 지속적으로 변해 왔다. 특히 나의 몸은 태어났을 때와 비교하면 엄청나게 커졌으며 얼굴도 많이 바뀌었다. 아마 나이가 들면서 나의 몸은 또 변화할 것이다. 불행하게도 사고를 당해서 수술을 하거나, 나중에 나이가 많이 들어서 장기 이식을 받게 되는 일이 생길지도 모른다. 그렇지만 과거와 현재 그리고 미래에도 나는 여전히 나일 것이다. 몸뿐만이 아니다. 나의 기억과 경험, 능력과 신념에도 변화가 생길 것이다. 과거에 가졌던 신념 가운데 일부는 바뀌고, 현재의 신념 가운데 어떤 것은 장차 완전히 바뀌게 될지도 모른다. 그럼에도 불구하고 나는 여전히 나일 것이다.

몸과 마음이 모두 변화하지만 그럼에도 불구하고 내가 나일 수 있는 이유는 무엇일까? 무엇 때문에 나를 항상 똑같이 나라고 부를 수 있는 것일까? 철학적으로 이것은 개인의 동일성에 대한 물음이다. 혹시 스피리도노프의 머리 이식 수술이 성공을 거둔다면, 다른 사람의 몸통을 이식받은 이후에도 그를 스피리도노프라고 부를 수 있을까? 그렇다면, 그렇게 부를 수 있는 이유는 무엇일까?

일반적으로 어떤 사람이 나이가 들어 외모가 변해도, 그리고 생각이나 성격이 변해도 우리는 그 사람을 같은 사람으로 본다. 10년 만에 만난 초등학교 동창을 처음에는 못 알아보았더라도 나중에는 동창생 누구였음을 확인하고 "너 많이 변했구나!"라고 말하는 것은 자연스럽다. 동창생이 나이 때문만이 아니라 성형 수술까지 해서 알아볼 수 없을 만큼 변했더라도 그 동창생은 여전히 바로 그 사람이라고 생각한다. 왜일까?

시간이 흐르면서 세포도 새로운 것으로 교체되었겠지만 그 동창생의 몸은 여전하다. 비록 얼굴을 약간 고치기는 했지만 그럼에도 불구하고 동창생의 몸은 같은 몸이다. 동창생의 몸은 성장하고 쇠퇴하면서 변화를 거듭하지만, 시간의 흐름을 관통하여 늘 같은 몸이다. 우리는 모두 다른 사람과 구분할 수 있는 몸을 가지고 있으며, 우리의 몸은 아무리 자라도, 아무리 나이가 들어도, 아무리 성형을 해도 다른 사람의 몸과 구분된다. 이것은 상식적인 생각인데, 상식은 우리의 몸을 정체성의 근거로 삼는다.

그런데 머리 이식의 경우, 이런 식의 생각으로는 개인의 동일성을 설명하는 데 문제가 생긴다. A의 머리와 B의 몸통이 결합되어 있다면, 그 사람은 A인가, B인가? 몸을 근거로 개인의 동일성을 설명하려고 하면 이 물음에 답하기 곤란하다. 어떤 사람들은 몸 가운데서도 뇌가 핵심이라고 주장할 듯하다. 그래서 몸통의 주인이 아니라 뇌의 주인, 즉 머리의 주인이 그 개인의 정체라고 말할 것이다. 그러니까 개인의 동일성의 근거는 우리 몸 가운데서도 뇌라는 것이다.

그런데 나를 나로 만들어 주는 것이 뇌라는 것은 무슨 뜻일까? 우리는 왜 그렇게 말하는 것일까? 뇌가 우리의 생각과 감정의 중추이며, 의식과 인격의 장소라고 생각하기 때문이다. 생각과 감정, 의식과 인격이 뇌와 관련이 있기는 해도, 이것들 모두를 뇌와 일치시킬 수 있을까? 우리의 의식과 인격을 뇌와 일치시킬 수 있다면 우리는 더 이상 자유로운 존재도 아니고 책임져야 하는 존재도 아니게 될 것이다. 뇌는 자연 법칙, 즉 물리 법칙과 생화학적 법칙에 종속되어 있는 신체 기관이기 때문이다.

현재로서는 가능하지 않지만, 미래학자인 레이 커즈와일 같은 사람들이 주장하는 것처럼 마음 다운로딩(mind downloading)이 가능하다고 생각해 보자. 다시 말해, 뇌를 측정하는 장비가 고도로 발달하여 우리 뇌의 모든 정보 패턴을 읽어 낼 수 있다고 상상해 보자. 마음 다운로딩이 가능하다는 말은 물리적인 뇌가 존재의 핵심이 아니라는 말이다. 캐서린 헤일스가 말했듯이, 인간 존재의 본성에서 핵심적인 것은 물질적인 특성이 아니라 정보 패턴이라는 것이다. 이럴 경우에 물리적인 뇌는 마음을 담는 용기 정도에 해당할 것이다.

좀 더 고전적인 견해도 있다. 우리의 인격이나 의식은 물질적인 뇌와는 달리 비물질적인 것이고, 그것을 몸과 구분하여 영혼이라고 한다. 몸이 아무리 변해도, 기억과 경험이 아무리 변해도, 변하지 않고 항상 같은 것으로 존재하는 것이 영혼이다. 영혼은 개인의 동일성의 근거일 뿐만 아니라 생명의 원천이기도 해서 영혼이 몸을 떠나면 우리는 죽음을 맞이하게 된다. 영혼은 모든 살아 있는 것의 근거이며 모든 자발성의 원천이라고 한다. 하지만 영혼은 너무도 불분명한 개념이라서 오늘날 이것을 바탕으로 생각을 전개하기에는 좀 진부할 듯하다.

10
신경 공학

인간과
기계의 결합이
가능할까?

우리나라 애니메이션의 대표 캐릭터를 꼽으라면 〈로보트 태권 V〉를 이야기할 사람들이 많을 것이다. 태권 V는 우리나라 전통 무술인 태권도를 그대로 재현하여 악당들의 로봇을 물리친다. 태권 V는 조종사가 로봇 안에 탑승하여 로봇의 몸체를 조종하는 방식으로 되어 있다. 태권 V의 조종사는 세계 태권도 대회에서 우승한 훈이다. 훈은 태권 V를 개발한 김 박사의 아들로서 붉은 별 군단의 기습으로 사망한 김 박사의 유지에 따라 태권 V를 조종하는 법을 배운다. 그리고 붉은 별 군단을 무찔러 지구를 지키고 아버지의 복수도 한다.

그런데 이 애니메이션을 보다 보면 훈과 태권 V의 특별한 상호 작용을 발견할 수 있다. 보통 때 훈은 조종간으로 태권 V를 조종하지만, 위기의 순간에는 훈과 태권 V가 마치 일체화되는 것처럼 보인다. 조종간을 통해 태권 V를 조종하는 것이 아니라, 마치 훈의 정신과 태권 V가 직접 연결되어 있는 것처럼 보인다. 물론 이것은 허구적인 설정이지만 오늘날은 이런 현상을 과학을 통해 설명할 수 있게 되었다. 사람의 뇌와 컴퓨터를 연결하여, 생각으로 로봇을 조종하는 기술이 이미 실현되어 있으며, 현재 연구 개발이 한창 진행되고 있다. 이른바 뇌-컴퓨터 인터페이스(BCI)라고 하는 것이다.

하반신 마비 환자가 시축을 하다

2014년 브라질 월드컵에서는 세상을 깜짝 놀라게 한 개막전 이벤트가 있었다. 하반신이 마비되어 휠체어 없이는 이동이 불가능한 사람이 시축에 나선 것이다. 이벤트는 브라질 출신으로 미국에서 활동 중인 세계적인 신경 과학자 미구엘 니코렐리스가 기획했다. 니코렐리스는 그동안 쥐와 원숭이를 대상으로 BCI 실험을 성공적으로 수행해 왔다. 브라질 월드컵 개막전 시축의 주인공은 줄리아누 핀투라는 30세의 남자였다. 그는 교통사고로 하반신이 마비된 채 10년 동안 휠체어 신세를 지고 있었다. 핀투는 옷을 입듯이 착용하는 외골격 로봇을 이용해 휠체어에서 일어나 걸어 나와 축구공을 멋지게 찼다. 하반신 마비 상태인 핀투는 생각하는 것으로 자신이 착용하고 있는 외골격 로봇을 움직인 것이다.

시축 후에 핀투는 발로 공을 느낄 수 있었다고 말하며 기뻐했다. 핀투는 시축을 위해 축구 경기장에서 55번이나 연습을 했다고 한다. BCI 시스템을 이용하기 위해서는 생각보다 많은 연습이 필요하다. 단순히 생각하는 것으로 기계를 움직이는 것이 쉬울 리 없다. 기계가 사람의 생각을 알아차리고 원하는 대로 움직인다는 상상은 아직 난센스이다. 사람의 생각을 기계에 전달하기 위해서는 컴퓨터라는 중개 장치가 필요하다. 컴퓨터는 우리가 생각

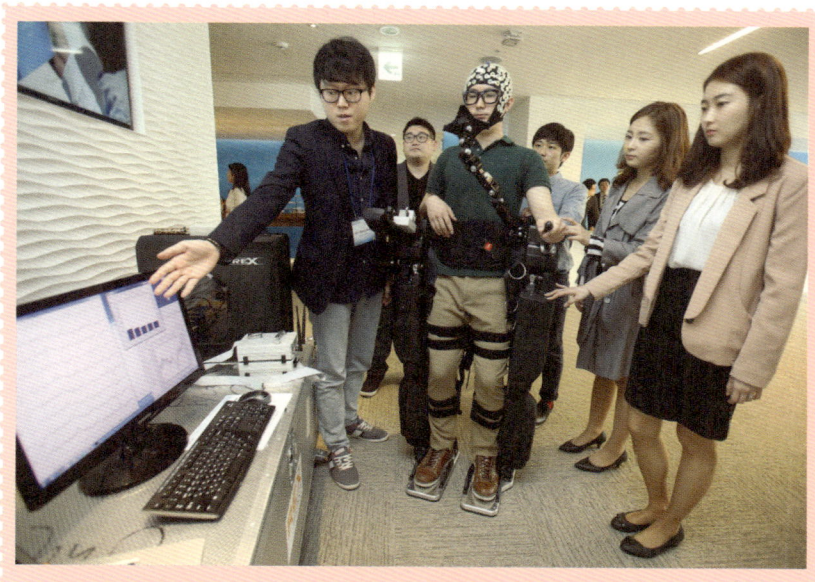

뇌 신호로 움직이는 로봇 기술을 살펴보는 사람들. '한일 아카데믹 데이 2015' 행사· 사진

을 할 때 발생하는 뇌파를 컴퓨터가 감지하고 그 뇌파를 기계가 알아들을 수 있는 언어로 변환하여 기계에 전달한다. 그리고 우리는 어떤 생각을 할 때 발생하는 뇌파가 일정하도록 해야 하기 때문에 많은 시간 연습을 해야 한다. 그러니까 사람은 특정한 뇌파를 만드는 연습을 꾸준히 해야 하고, 컴퓨터가 그 뇌파를 포착하고 기계에 전달하여 기계의 특정한 동작을 지시한다.

2009년에 개봉되어 선풍적인 인기를 끈 영화 〈아바타〉에서 주인공은 컴퓨터를 매개로 자신의 뇌와 분신을 연결하여 생각만으로 분신을 마음대로 움직였는데, 현실은 아직 여기에 훨씬 못 미친다. 아바타는 단순한 기계가 아니라 인공 생체이기도 했다. 오늘날 연구 중에 있는 BCI는 분신을 활용하는 것이 아니라 기계를 인간 신체를 보조하는 수단으로, 혹은 신체를 대체하는 보철로 활용하는 것이다.

BCI는 언제부터 시작되었는가?

뇌와 컴퓨터를 연결하는 장치를 처음으로 고안한 사람은 미국의 신경 과학자 필립 케네디이다. 그는 1998년에 케네디는 뇌졸중으로 쓰러져 목 아래 부분이 완전히 마비된 환자의 두개골에 구멍을 뚫고 BCI 장치를 이식했다. 처음에는 성공적이지 못했다. 사람의 뇌에는 운동 제어와 관련된 신경 세포가 수백만 개 이상 있는데, 한 개의 전극으로 신호를 포착해 몸을 움직일 수 있을 것이라는 발상 자체가 무리였던 것이다. 하지만 케네디와 환자의 끈질긴 노력은 결실을 맺었다. 환자는 생각하는 것만으로 컴퓨터 화면의 커서를 움직이는 데 성공했던 것이다.

이듬해에 독일에서도 BCI의 성공 사례가 나왔다. 닐스 비르바우머 박사가 두피에 설치해 뇌파를 읽어내는 장치를 활용하여 생각만으로 컴퓨터 화면에 글씨를 쓰는 실험에 성공했다. 그 당시 피실험자는 1분에 두 자를 쓸 수 있었다고 한다. 같은 해에 니코렐리스는 존 채핀과 함께 생쥐의 머리에 전극봉을 설치해 생쥐가 로봇 팔을 조종할 수 있게 했다. 니코렐리스는 케네디가 전신 마비 환자를 대상으로 했던 실험과 같은 방법을 사용했다.

BCI 장치의 연구는 2000년에 들어서서 원숭이를 대상으로 한 실험에서 성공을 거두기 시작했다. 원숭이 뇌에 머리카락 굵기의 가느다란 탐침 96개를 꽂고 뇌파를 포착해서 로봇 팔을 움직이는 실험에 성공을 거두었다. 이 실험은 1000킬로미터 떨어진 곳으로 뇌파 신호를 전달해 로봇 팔을 움직이는 방식으로도 시도되어 성공했다. 니코렐리스는 2003년에 붉은털원숭이의 뇌에 700개의 미세 전극을 이식해서 생각으로 로봇 팔을 움직이는 실험을 했다. 뇌에 이식하는 미세 전극의 수가 증가할수록 뇌파를 정확하게 읽어낼 수 있다.

2004년에는 뇌에 이식할 수 있는 반도체 칩이 개발되었다. 브레인게이트라고 불리는 이 칩은 미국의 신경 과학자 존 도너휴가 개발한 것으로 크기가 4제곱 밀리미터 정도이고, 거기에 사람의 머리카락보다 가느다란 전극 100개가 달려 있다. 도너휴는 25세 사지 마비 환자의 대뇌 운동 피질에 1밀리미터 깊이로 브레인게이트를 심었다. 9달 동안의 훈련 끝에 이 환자는 생각만으로 컴퓨터 커서를 움직여 전자 우편을 보내고 게임도 즐길 수 있었다. 나중에는 자신의 로봇 팔, 곧 의수를 마음대로 움직일 수 있었다.

같은 해 뉴욕주립대학교에서는 모자처럼 생긴 BCI 장치를 개발했다. 64개의 전극이 달려 있어 뇌파를 기록할 수 있는 모자를 쓰고 생각만으로 컴퓨터 화면 위의 커서를 움직여 타이핑을 하는 모습을 담은 동영상은 인터넷에서 쉽게 찾아볼 수 있다.

2008년에는 BCI 기술이 한 단계 업그레이드 된 해이다. 미국의 신경 과학자 앤드류 슈워츠는 원숭이가 로봇 팔을 움직여 꼬챙이에 꽂혀 있는 과일을 빼 먹는 장면을 연출했는데, 이것은 컴퓨터 화면의 커서를 움직이는 것보다 진보된 기술이다. 원숭이가 이 동작을 성공하기 위해서는 원숭이 뇌에 이식된 전극을 통해 수집한 신호를 3차원 공간 정보로 해석할 수 있어야 하기 때문이다. 컴퓨터 화면은 2차원이지만 현실 세계는 3차원이다. 우리가 실제로 몸을 움직이는 것은 3차원 공간에서이다. 슈워츠의 실험을 통해 비로소 두뇌 신호를 실제 운동으로 전환시키는 BCI 기술이 등장한 것이라고 볼 수 있다.

이후 BCI 연구는 좀 더 다양한 방식으로 실험이 진행되었다. 스페인과 일본에서는 생각만으로 움직이는 휠체어가 개발되었다. 전극이 달린 두건을 쓴 휠체어 이용자는 생각으로 휠체어의 방향과 운동을 조절할 수 있다. 이 장치를 이용하면 신체 마비가 심한 사람도 혼자서 휠체어를 이용할 수 있다.

BCI에서 뇌와 컴퓨터를 연결하는 방법에는 세 가지가 있다. 위에서 살펴보았듯이 머리에 뇌파를 포착하는 장치를 부착하는 방식이 있고, 뇌의 특정 부위에 미세 전극이나 반도체 칩을 심는 방법이 있다. 전자의 경우에는 뇌에 물리적인 손상을 입히지 않지만, 후자의 경우에는 뇌파 수집을 위한 장치를 뇌에 물리적으로 침투시킨다. 그렇다고 해서 뇌에 심한 손상을 입히는 것은 아니다. 2012년에 새로운 방법이 하나 더 고안되었다. 기능성 자기 공명 영상(fMRI) 장비를 이용하는 것이다. 프랑스와 이스라엘의 공동연구진이 fMRI 장비로 피험자의 뇌 활동을 촬영해, 그 영상을 분석하여 그것으로 로봇을 작동하는 프로그램을 개발했다.

BCI는 어디에 응용할 수 있을까?

BCI는 의료, 군사, 오락, 스포츠, 산업 등 다양한 분야에서 활용될 수 있는 기술이다. 현재 BCI 기술의 가장 크게 쓰이는 곳으로 기대되는 곳이 의료 영역이다. 다른 사람의 도움 없이는 아무것도 할 수 없는 전신 마비 환자도 이 기술을 이용하면 물 마시기, 식사하기, TV 채널 바꾸기, 전화 통화하기, 전자 우편 보내기 등 여러 가지 일들을 혼자서도 할 수 있을 것이다. 더욱이 외골격 로봇을 활용하면 하반신 마비 환자도 걸어서 이동할 수 있다. 아직은 기술적으로 부족하지만, 장래에는 전신 마비 환자가 외골격 로봇 같은 것을 활용해 보통 사람처럼 일상생활을 하는 날이 올 것이다. 더 먼 미래에는 마비된 몸을 기계로 대체한 사이보그가 등장할 것이다. 현재도 사이보그 팔은 있다.

우리나라의 삼성전자도 미국의 텍사스주립대학교와 공동으로 뇌파 기록 장치가 달린 모자를 쓰고 생각만으로 스마트폰을 조작하는 연구를 한 바 있다. 전자 우편 보내기, 전화 걸기, 음악 듣기, 다양한 앱 활용 등 이동 통신 장비의 기능을 손을 사용하지 않고 사용할 수 있게 된다면, 그동안 손이 불편해 이동 통신 장비를 사용할 수 없던 장애인에게는 좋은 기회가 될 것이다. 이 기술은 손을 쓰지 않고 이동 통신 장비를 이용하는 쪽으로 이동통신 장비의 발전을 불러올지 모른다.

2014년에 독일의 뮌헨공과대학교에서는 브레인 플라이트 프로젝트가 진행되었다. 생각만으로 모의 비행기를 이착륙시키는 실험이다. 비행기 조종 경험이 전혀 없는 사람을 포함한 실험 참가자 7명이 모두 뇌파 기록 장치가 달린 모자를 쓰고 생각만으로 모의 비행에 성공했다. BCI는 군사용으로도 응용할 수 있다. 예컨대 브레인 플라이트 프로젝트를 무인 비행 장치인 드론의 조종에 응용할 수 있다. 조종사는 뇌파 감지 센서가 부착된 헬멧을 쓰고, 머릿속으로 손바닥을 쫙 펴는 상상을 하여 소형 무인 헬리콥터의 프로펠러를 돌리고, 양손을 위로 하는 상상을 해서 헬리콥터를 이륙시키고, 오른손을 드는 상상을 해 헬리콥터를 오른쪽으로, 왼손을 드는 상상을 해서 헬리콥

장애인 보조 로봇 기술을 겨루는 대회인 사이베슬론에서 자전거를 타는 사람

터를 왼쪽으로 이동시킨다. 그리고 양손을 아래로 내리는 상상을 해서 헬리콥터를 착륙시키고, 쫙 핀 손바닥을 접어 주먹을 쥐는 상상을 해서 프로펠러를 정지시킨다. 이런 식으로 생각만으로 무인 비행 장치를 조종할 수 있다.

외골격 로봇 혹은 로봇 슈트는 의료용으로 뿐만 아니라 산업용으로도 활용될 수 있다. 로봇 슈트의 강력한 근육은 여러 사람이 힘을 합해도 들 수 없는 물건도 들어서 나를 수 있게 한다. 무거운 물건을 들거나 들어 옮길 때뿐만 아니라 오랜 시간 걷거나 달릴 때, 혹은 빠르게 달릴 때도 이용될 수 있다. 물론 그렇게 자유자재로, 신속하게 움직이는 로봇 관절의 개발은 완료되지 않았지만 말이다.

로봇 슈트는 우리나라에서도 여러 연구자들이 개발을 진행하고 있는 분야이다. 로봇 슈트에 관해 국내 연구진이 출원한 특허가 지난 2009년 5건에서, 2013년 18건, 2014년 17건 이상으로 계속 증가하고 있다. 근육의 전기적 신호로부터 인체의 힘을 측정하는 기술, 인체의 움직임으로부터 힘을 증폭시키는 기술, 자이로스코프를 이용해 자세를 제어하는 기술, 인공 지능을 활용한 운동 예측 기술 등이 특허 출원된 주요 기술들이다. 기어나 와이어를 이용하던 기계적 구동 장치를 대신해 인공 근육을 이용하는 기술도 출원되었다고 한다.

그 밖에 BCI 기술은 게임이나 교육용으로도 활용될 가능성이 크다. 애초에 전신 마비 환자를 위한 의사소통 수단으로 개발된 BCI 기술은 오늘날 게임과 결합하여 주의력결핍 과잉행동장애(ADHD), 치매, 우울증의 예방 및 증상 완화 등을 위해 사용할 수 있도록 응용되고 있다. 또한 아동의 두뇌 발달이나 학습 능력 향상을 위한 보조 수단으로도 연구되고 있다.

사이보그를 꿈꾸는 사람들

기계와 인간이 결합된 존재를 사이보그(cyborg)라고 한다. 사이보그는 유기체를 뜻하는 오가니즘(organism)과 생물 및 기계에서 제어와 통신 문제를 연구하는 학문인 사이버네틱스(cybernetics)를 결합한 합성어이다. 기계 장치와의 결합을 통해 인체를 강화한 존재가 사이보그이다. 1987년에 개봉한 할리우드 영화 〈로보캅〉의 주인공 머피는 바로 사이보그이다. 범인을 쫓다 중상을 입었던 경찰 머피는 티타늄이 보강된 몸을 얻어 사이보그 경찰로 다시 태어난다. 머피는 머리를 제외한 몸이 모두 기계 장치이다. 1970년대 안방 극장에서 인기몰이를 한 TV 시리즈 〈600만 불의 사나이〉의 주인공 스티브 오스틴은 로보캅보다 훨씬 오래 전에 등장한 사이보그이다. NASA의 우주 비행사였던 스티브는 불의의 사고를 당한 이후 왼쪽 팔과 두 다리, 오른쪽 눈을 인공 보철로 대체한 사이보그로 재탄생해서 첩보 요원으로 활약

한다. 이렇듯 BCI의 종착점은 사이보그다.

머피나 스티브의 사례에서 볼 수 있듯이 사이보그는 신체적인 능력 면에서 인간을 훨씬 능가하는 능력을 갖게 된다. 그리고 인공두뇌의 발전은 지적인 면에서 인간의 능력을 몇 단계 뛰어넘는 수준에 도달할 수 있게 할 것이다. 사이보그의 실현 가능성이 증가하면서 사이보그에 대한 반대 주장이 제기되고 있다. 사이보그를 열렬히 지지하는 대표적인 인물로 영국 레딩대학교의 인공두뇌학 교수 케빈 워릭을 꼽을 수 있다. 워릭은 사이보그가 되는 것이 꿈이라고 당당하게 말한다. 워릭은 자기 자신을 직접 실험 대상으로 삼은 것으로도 유명한데, 1998년에는 자신의 팔에 실리콘 칩을 이식했다. 2002년에는 수술을 통해 미세 전극을 왼쪽 팔에 이식했다. 일부 손바닥 감각과 손가락 움직임에 관련되어 있는 말초 신경인 정중 신경에 미세 전극을 연결했다. 워릭은 이것으로 전동 휠체어를 조종하는 등의 실험을 했다. 워릭 자신뿐 아니라 그의 아내도 워릭처럼 팔에 미세전극을 이식했다고 한다.

워릭은 자신의 실험이 사이보그를 향한 여정의 첫 걸음이라고 생각한다. 물론 워릭 자신도 미래가 어떤 모습일지는 상상하기 어렵다고 말한다. 미래가 인류를 위하는 세상이 될지 인류에게 해가 되는 방향으로 전개될지 쉽게 가늠하기 어렵다고 한다. 그럼에도 불구하고 그가 사이보그를 연구하고, 그 스스로 사이보그가 되고 싶다고 말하는 이유는 한 인터뷰에서 그가 한 말에서 발견할 수 있다.

"우리가 사이보그가 된다면 초감각, 다른 방식으로 생각하는 능력, 생각만으로 대화하는 능력 등을 얻을 수 있습니다. 잘만 되면 우리는 빠르게 발달하는 기계 지능을 계속해서 제어할 수단을 확보할 수 있습니다."

사이보그를 꿈꾸는 또 한 명의 대표적인 인물로 앞서 언급한 레이 커즈와일이 있다. 발명가이자 미래학자인 커즈와일은 2030년이나 2040년쯤에 인

류가 사이보그가 될 수 있을 것이라고 믿고 있다. 그리고 그때 자신도 사이보그가 되기 위해 현재 철저하게 몸 관리를 하고 있다고 한다. 그는 노화 방지를 위해 매일 40종의 약을 먹고 있다고 한다. 커즈와일은 2030년경이 되면 우리 몸의 생물학적 부분보다 비생물학적 부분, 즉 인공적인 부분이 많아질 것이라고 말한다. 커즈와일은 2030년에 '버전 2.0 인체 시대'를 거쳐 2040년대에는 '버전 3.0 인체 시대'가 도래할 것이라고 한다. 버전 3.0 인체는 나노 기술의 실현으로 쉽게 바꿀 수 있는 신체를 말한다. 그리고 생물학적 두뇌를 보조하는 비생물학적 두뇌가 등장해 2040년쯤에는 비생물학적 지능이 생물학적 지능의 수십억 배까지 진화할 것이라고 한다.

우리는 몸인가 마음인가?

사이보그에 대한 상상은 우리로 하여금 몸에 대해 다시 생각해 볼 수 있는 기회를 마련해 준다. 사이보그는 우리 몸의 상당 부분을 기계로 대체한 존재이다. 아마 나중에는 우리 뇌의 상당 부분도 인공 뇌로 대체될 것이다. 일본 애니메이션 〈공각기동대〉에 등장하는 신인류들처럼 말이다. 뇌를 제외한 우리 몸 전부를 기계로 대체한 사이보그는 그래도 여전히 인간일까? 애니메이션 속에서 우리의 믿음은 그런 존재 역시 여전히 인간이라고 보고 있는 것 같다.

서양인들은 고대 그리스 시대 이후로 줄곧 인간을 이원론적인 관점에서 이해했다. 인간은 몸과 마음으로 이루어진 존재이다. 몸은 물질적이고 물리 법칙의 지배를 받으며 변하는 종류의 것이고, 마음은 물질적이지 않고 물리 법칙에 종속되어 있지 않으며 변하지 않는 종류의 것이다. 인간은 이렇게 몸과 마음이라는 서로 이질적인 것의 결합체이다.

이런 생각을 간명하게 정리한 사람이 근대 프랑스 철학자 데카르트이다.

데카르트는 실체를 그것이 존재하기 위해서 다른 어떤 것에도 의존하지 않는 것이라고 정의한다. 그리고 생각하는 존재인 마음과 연장되어 있는 존재인 몸이 완전히 독립적인 실체라고 말했다. 또한 인간에게 본질적인 것은 몸이 아니라 마음이라고 했는데, 그 이유는 몸이라는 물질적인 것은 다른 동물이나 식물들도 공통으로 가지고 있는 것인 반면에, 마음은 오로지 인간만이 가지고 있는 것이기 때문이다. 마음이 있어서 우리 인간이 생각하는 존재일 수 있기 때문이다.

정말 마음만이 본질적인 것이고 몸은 부차적인 것일까? 요즘 사람들은 자신의 몸을 가꾸고 자랑하기도 하지만, 일반적으로 몸은 우리를 구속하는 것이었다. 먼저 몸은 자연 법칙을 통해 우리를 구속한다. 몸을 지닌 우리는 공간적으로 제약되어 있고 자연 법칙의 지배에서 벗어날 수 없다. 또한 제한된 시간 속에 놓여 있다. 생물학적인 몸은 시한장치가 되어 있는 것과 마찬가지이다. 일정한 시간이 지나면 몸은 파괴된다. 이런 맥락에서 몸으로부터의 해방은 근본적인 구속으로부터 자유로워지는 것을 의미한다. 사이보그 시대에 몸은 대체 가능한 것이 될 것이다. 캐서린 헤일즈는 포스트 휴먼에 대해 이야기하면서 우리의 몸을 우연적인 보철로 생각하는 시대가 도래할 것이라고 전망했다. 캐서린 헤일즈가 몸의 우연성을 강조하는 것은 몸이 우리의 본질적인 요소가 아니라는 것을 함축한다.

정말로 몸이 우리에게 부차적인 것일까? 만일 우리가 기계 몸을 얻게 된다면 우리는 감각을 상실할 것이다. 시각 정보, 청각 정보, 촉각 정보 같은 형태의 지각 정보는 있겠지만 우리가 지금처럼 몸으로 느끼는 감각은 더 이상 없을 것이다. 우리의 기계 몸이 어떤 느낌을 만들어 낼 수 있겠는가? 전통적으로 감각은 인간 본질의 핵심 요소가 아니었다. 감각은 가변적이고 일시적이며, 때로는 지적 활동을 방해하고 사실을 왜곡하기도 하기 때문에 고대 그리스 철학자 플라톤은 우리의 몸과 몸에서 비롯하는 감각을 비본질적인 것으로 보았다. 또한 감각은 인간에게만 있는 것이 아니라 동물들에게도 있는 것이었다. 그런데 한번 상상해 보자. 감각을 모두 제거하고 나면 우리에게 무엇이 남는가? 우리는 타인에 대해, 세상에 대해 아무런 느낌도 가질 수 없는 순수한 지적인 존재가 되는 것인가?

몸이 없이 행복할 수 있을까? 서양 철학에서는 진정한 행복이 일시적인 것이 아니고 지속적이어야 하고 변하지 않는 것이어야 하므로 몸이 아니라 정신과 관계되어 있다고 설명한다. 그런데 정말 몸 없이 행복할 수 있을까? 우리가 느낄 수 있는 즐거움의 대부분은 몸과 관련되어 있다. 행복이 일상 속에서 얻을 수 있는 것이라면, 그것은 더더욱 몸과 분리해서 생각할 수 없다. 맛있는 것을 먹었을 때, 아름다운 것을 보았을 때, 멋진 노래 소리를 들었을 때, 사랑하는 사람의 따뜻한 손을 잡았을 때 우리는 행복을 느낀다. 이런 행복 없는 삶이 얼마나 각박한 것인지는 설명하지 않아도 될 듯하다.

인간을 다른 동물보다 우월하게 만드는 것 가운데 하나가 언어이다. 그런데 가만히 살펴보면 우리는 몸을 통해 언어를 배우는 듯하다. 언어는 몸을 지닌 인간이 환경 세계와 상호 작용하면서 신체적 경험을 하고 그것을 토대로 획득해 왔다. 그러므로 언어에는 우리의 신체와 신체적 경험이 다양하게 반영되어 있다. 우리에게 언어라는 것이 이미 주어져 있고, 그것을 토대로 말하기나 쓰기를 배우는 것이 아니라, 말하고 쓰고, 몸으로 표현하는 등의 활동을 통해 우리는 언어를 배운다.

캘리포니아대학교의 인지 언어학자인 레이코프 교수는 시간, 사건과 원인, 마음, 자아, 도덕성 등이 전통적으로 서양 철학에서 이야기하듯이 독립적인 개념적 근거를 갖는 것이 아니라 우리의 일상적인 신체적 활동을 통해서 발생하고, 또 은유적으로 확장된 것이라고 주장한다. 만일 몸이 그렇게 중요한 것이라면, 사이보그를 인간이라고 볼 수 있을까? 전혀 다른 종류의 존재가 아닐까?

11

생명 공학

맞춤 아기,
유전자 선택은
정당할까?

1997년에 개봉된 영화 〈가타카(Gattaca)〉는 여러 면에서 올더스 헉슬리의 명작 과학 소설인 《멋진 신세계》를 떠오르게 한다. 영화의 제목은 ACGT의 조합인데, ACGT는 인간의 유전 물질인 디옥시리보핵산(DNA)을 구성하는 네 가지 염기의 약자이다. A는 아데닌, C는 시토신, G는 구아닌, T는 티민을 가리킨다. 인간의 DNA는 이 네 가지 염기로 구성되어 있다. 제목에서 알아챌 수 있듯이 영화는 유전자를 마음대로 조작할 수 있는 미래 시대를 배경으로 한다. 영화 속 세상은 유전자 선택을 통해 인공적으로 출생한 인간들이 등장한다. 이들은 우수한 유전자들만을 가지고 있는 인간이다. 그리고 또 한 부류의 인간이 등장한다. 자연에 의해 유전자 조합이 이루어져 출생한 인간들이다. 자연에 의한 유전자 조합은 우연적인 방식으로 이루어지며, 인간이 출생하는 자연스러운 방식이다. 하지만 이 방식에서 자연은 우수한 유전자만을 선택하지 않는다. 부모의 유전자는 한정되어 있기 때문에 최적의 유전자 조합을 만들어 낼 수 없다. 늘 부족한 부분이 있기 마련이다. 영화 속에서 인간은 이렇게 두 부류로 구분되어 인위적인 유전자 선별로 출생한 인간이 적격자로 인정되고, 자연의 방식으로 출생한 인간은 부적격자로 대우받는다. 유전자 구성에 따라 사회 속에서 계급이 결정되는 것이다.

　　헉슬리의 《멋진 신세계》에서는 모든 인간이 인공 부화 장치를 통해 출생하는데, 인위적인 조작을 통해 지능과 감성 등이 차별화된 상태로 세상에 나온다. 세상에 태어나 앞으로 해야 할 역할에 따라 그에 맞는 자질과 능력을 갖추게 하려는 것이다. 이것은 고대 그리스 철학자 플라톤이 《국가》에서 묘사한 이상 국가의 형태와 유사하다. 타고난 능력에 따라 교육받고, 교육을 통해 육성된 능력에 맞춰 역할과 계급이 정해지는 사회가 플라톤이 생각한 이상적인 국가이다. 두 세계 사이의 차이가 있다면, 출생이 자연에 맡겨지느냐 인위적으로 통제되느냐, 하는 것이다. 플라톤의 이상 국가에서는 타고난 능력에 따라 운명이 결정되지만 타고나는 것 자체는 우연이다. 헉슬리의 신세계에서는 사회적 필요에 따라 타고나는 것이 인위적으로 조절된다. 수정 단계에서부터 계급이 정해지고 태아 때부터 각자의 계급에 맞는 생각과 능력을 갖추도록 세뇌 교육이 이루어진다.

훌륭한 자녀를 원하면 태교를 하라

과거에는 훌륭한 자녀를 얻기 위해 어떻게 했을까? 옛 사람들은 좋은 배우자를 고르고, 임신했을 때 태교를 잘하고, 아이가 태어나면 엄격하게 교육시켰다. 생식 기술이라는 것이 없었기에 수정란을 고르거나 유전자를 선택할 수는 없었지만 옛 사람들은 태교가 장차 태어날 아이의 정서와 성격, 건강에 영향을 미칠 수 있다고 생각했다.

태교는 고대 중국과 인도 등 아시아의 나라에서 시작되었다. 우리나라에서도 예부터 왕실을 중심으로 태교의 중요성이 크게 강조되었다. 인도의 전통 의학서인《아유르베다》경전에서 인도의 전통 태교법을 발견할 수 있다. 특히 인도식 태교는 요가와 연관되어 있다. 요가를 통해 임산부의 몸을 건강하고 바르게 하여 마음을 조절한다는 것이다. 태교에 관한 가장 오래된 기록은 기원전 1세기 중국 전한 시대의 유향이 쓴《열녀전》이다. 그 외에도 가의의《신서》, 염순새의《태산심법》, 대덕이 편찬한《대대례기》등이 유명하다.

태교는 태중 교육의 줄임말인데, 옛 사람들은 임신 중어 임산부의 모든 행동과 생각, 감정이 태아에게 영향을 미친다고 생각했다. 《열녀전》에 따르면, "부인이 아이를 배었을 때 옆으로 잠자지 말며, 바르지 않은 자리에 앉지 말며, 텁텁한 음식을 입에 대지 말며, 바르게 끊긴 것이 아니면 먹지 말며, 귀는 음란한 소리를 듣지 말며, 밤이면 소경으로 하여금 시를 외우게 하여 이를 듣고 항상 바른 일을 말하라. 이렇게 하여 아이를 낳으면 얼굴과 모양이 단정하고 재주가 뛰어나게 된다."고 했다. 중국에서는 주나라 문왕의 어머니인 태임의 태교가 모범 사례로 자주 언급된다.

우리나라의 경우, 1801년에 사주당 이씨가 쓴 《태교신기》가 대표적이다. 사주당 이씨는 조선 후기 실학자이자 한글학자인 유희의 어머니이다. 그녀는 하늘로부터 받은 천품은 동일하지만 모태 안에 있는 10개월 동안 사람의 품성이 결정된다고 생각했으며, 태중 교육이 출생 후의 교육보다 중요하다고 주장했다.

태교는 태어날 아기에게 긍정적인 영향만 미치는 것이 아니다. 태교가 제대로 되지 않을 때는 심각한 해악이 있을 수도 있다. 태교의 중요성을 강조하는 사람들은 조선 시대 임금인 연산군이 최악의 태교 탓에 폭군이 되었다고 말한다. 연산군의 아버지는 법률을 정비하는 등 세종과 세조를 거쳐 기틀이 마련된 조선의 문물을 완성했다는 평가를 받은 성종이었다. 아버지는 그렇게 유능한 임금이었지만 그 아들은 더없는 폭군이었고 나쁜 임금이었다.

연산군의 어머니인 폐비 윤씨는 성종 7년에 연산군을 임신했다. 임신 이후 성종은 윤씨를 왕비로 책봉했다. 성종의 첫째 왕비는 일찍 세상을 떠나 왕비 자리가 비어 있었다. 그런데 윤씨가 왕비가 된 이후 성종과 윤씨 사이에 금이 가기 시작했다. 윤씨가 임신했을 때 성종은 엄숙의와 정소용이라는 두 명의 후궁을 가까이했다. 더군다나 정소용은 임신까지 했다. 윤씨는 질투심을 참을 수 없었고 증오심을 억제할 수 없었다. 성종과 윤씨 사이에 싸움이 잦았고 윤씨는 싸울 때마다 온갖 험담을 했다. 심지어는 성종의 얼굴을 손톱으로 할퀴기까지 했다. 임신 중임에도 불구하고 윤씨는 마음을 전혀 다스리지 못했으며, 오히려 폭력적인 성정을 드러내고 질투와 증오심으로 자신을 불태웠다. 그런 탓에 연산군은 폭군의 성품을 갖고 태어났다고 한다.

윤씨와 대비되는 사람은 혜경궁 홍씨이다. 그녀는 사도세자의 부인이며 정조의 어머니이다. 혜경궁 홍씨가 정조를 낳았을 때 영조와 사도세자 사이의 불화가 심각했으며, 정조는 나중에 사도세자가 변을 당하는 것을 직접 목격했지만 혜경궁 홍씨의 깊은 사랑과 훈육 덕분에 존경받는 임금 가운데 한 사람이 되었다.

유전자 편집 기술의 발전

전통적인 방법인 태교에는 과학적으로 설득력이 있는 부분이 많다. 하지만 미래에는 기술을 이용해 좀 더 확실하고 정확한 방법을 사용할 수 있을 것이다. 다름 아니라 유전자 편집 기술이다. 성격, 지능, 건강 등과 관련성이 밝혀진 유전자를 부모가 원하는 대로 선택하여 아이를 임신하고 출산할 수 있는 날이 올 것이다. 적어도 과학적으로 가능한 날이 머지않아 도래할 것이다.

유전자 편집의 역사는 오래되었다. 절단한 유전자를 다른 유전자에 이어붙이는 재조합 DNA 기술이 등장한 것은 1970년대이다. 이 기술은 1973년 미국 스탠퍼드대학교의 스탠리 코언 교수 팀과 캘리포니아대학교 샌프란시스코 캠퍼스의 허버트 보이어 교수 팀이 개발했다. 1982년에는 재조합 DNA 기술로 개발된 최초의 의약품이 판매 승인을 받았다. 박테리아인 대장균을 이용해서 만든 인간 인슐린이었다. 이것은 인간과 인슐린의 합성어인 '휴물린(Humulin)'이라고 불린다.

유전자에는 단백질 생산에 필요한 정보가 들어 있으므로 인간 유전자를 박테리아나 다른 생물체에 집어넣으면 해당 생물체에서 인간에게 필요한 단백질을 생산할 수 있다. 이 점을 이용하면 인간에 필요한 호르몬 등 유용한 단백질을 대량 생산하는 길을 열 수 있다. 재조합 DNA 기술은 특정 유전자의 구조나 기능을 연구하는 데 유용하다. 이른바 유전자 클로닝이라는 기술을 활용하는 것인데, 유전자 클로닝은 특정한 DNA 단편을 제한 효소로 잘라 내어 플라스미드나 바이러스의 DNA에 넣어 해당 유전자를 늘리는 것을 말한다. 제한 효소는 DNA의 특정 염기 배열을 식별하고 DNA 사슬을 절단하는 효소로써 재조합 DNA 기술에 필수적인 효소이다.

재조합 DNA 기술이 등장한 지 40여 년이 지났다. 그동안 유전체 안에서 특정 유전자의 염기 서열 가운데 일부 DNA를 삭제하거나 교정하거나, 새로 삽입해 염기 서열을 재구성하는 유전자 편집 기술에 커다란 진전이 생겨서 상당한 수준의 유전자 편집이 가능하게 되었다. DNA는 대부분 핵 속에 존재하지만 극히 일부는 미토콘드리아에도 존재한다. 미토콘드리아는 세포핵 밖에 존재하는 것이므로 수정할 때 핵만 제공하는 정자와는 관련이 없다. 다시 말해 미토콘드리아 속에 있는 DNA는 전적으로 어머니의 것을 물려받는다. 미토콘드리아에 결함이 있는 여성이 아기를 낳으면 태아는 이후 시각 장애, 근위축증, 당뇨병 등 유전 질환을 앓을 수 있다.

2015년 2월 영국 상원은 '세 부모법'을 통과시켰다. 미토콘드리아에 결함이 있는 여성이 다른 여성으로부터 건강한 미토콘드리아를 기증받아 아이를 가질 수 있도록 허용한 법이다. 이 경우에도 핵은 전적으로 산모의 것이므로 태어난 아기는 산모의 유전적 자손이 분명하다. 다만 태어난 아이의 미토콘드리아 유전자는 기증한 여성의 것이므로, 적어도 그 부분에서는 아기가 기증한 여성의 유전적 자손이기 때문에 법률을 통한 교통정리가 필요한 상황이었다.

2015년 미국 솔크 연구소와 일본 이화학 연구소 등 국제 공동 연구진이 '유전체 교정'이라고 불리는 기술을 개발했다. 이것은 글이나 영상을 잘라 내고 붙여 편집하듯이 효소를 이용해 유전자를 편집하는 기술이다. 연구진은 이 기술을 이용해 체외 수정으로 얻은 쥐의 배아에서 결함이 있는 미토콘드리아만 찾아내 유전자를 잘라 내는 효소를 삽입했다. 그 결과, 결함 있는 미토콘드리아를 모두 제거할 수 있었다. 연구진은 이렇게 얻은 쥐에서 건강한 새끼 쥐가 태어나게 했다.

지난 30년간 합성 생물학 역사에서 최고의 혁신으로 인정받는 기술이 있다. 이 기술은 2015년 〈사이언스〉 지가 '올해 10대 과학적 성과' 1위로 꼽았으며 〈네이처〉 지는 그 기술의 연구자인 중국의 황쥔주 교수를 '올해의 과학 인물' 1위로 꼽았다. 바로 크리스퍼 유전자 가위 기술이다. 크리스퍼 유전자 가위를 이용하면 쉽고 빠르게 어떤 유전자든 편집할 수 있다. 다른 기술로는 수개월, 또는 수년이 걸리는 연구를 크리스퍼 유전자 가위를 통해 단 몇 주만에 수행할 수 있다고 한다. 2015년 말 파리에서 개최된 기후 변화 협약 당

가위로 유전자 일부를 잘라내는 모습을 가상으로 보여 주는 연구원

사국 총회에서는 크리스퍼 유전자 가위가 지구를 구할 기술이라고 언급했다. 크리스퍼 유전자 가위는 의료용으로뿐만 아니라 바이오 연료, 의약품, 식량 등 인류에 필요한 자원을 아주 짧은 기간에 개발하는 데 이용할 수 있는, 잠재력이 무궁무진한 기술이다.

합성 생물학 분야의 세계적 권위자 가운데 한 사람인 하버드대학교 의과대학의 조지 처치 교수는 돼지의 유전자에서 사람에게 면역 거부 반응을 일으키는 유전자만을 골라내서 잘라 내는 데 성공했다. 이제 돼지의 장기를 좀 더 안전하게 인간에게 이식할 수 있는 가능성이 열린 것이다. 처치 교수 연구팀은 인간의 난소 세포를 대상으로 유전자 편집을 시도하기도 했다. 처치 교수 연구 팀의 양루한 연구원이 난소암 위험을 높이는 것으로 알려진 BRCA1 변이 유전자를 물려받은 한 여성에게서 난소 세포를 채취해 배양한 후 배양된 세포에서 변이 유전자를 잘라 내는 편집을 시도했다고 한다. 이런 일들은 크리스퍼 유전자 가위 기술로 가능해진 것이다 .

치료와 향상 사이

20세기에는 발달된 의학 기술의 도움으로 태어날 아이의 성을 선택하는 것이 옳은 일인지에 대한 논란이 있었지만, 머지않은 장래에는 그것이 옛날 이야기가 될 것이다. 이제는 아이의 성이 아니라 유전적 구성을 선택하는 것이 논란의 중심이 될 것이기 때문이다. 아이의 유전적 구성을 부모가 결정한다는 생각은 보통 사람들에게 디스토피아적 상상을 자극한다. 이런 상상의 이면에는 유전자 선택에 대한 대중의 막연한 두려움이 깔려 있다. 쇼핑하듯이 장차 태어날 아기의 유전자를 선택하는 장면을 떠올려 보라. 아직은 생소하고 부자연스럽다. 아이의 유전자를 물건을 사거나 머리 모양을 카탈로그에서 고르듯이 선택하는 것보다 하늘이 주는 선물이라고 생각하는 쪽이 아직 더 자연스럽게 느껴진다. 아이를 물건이나 서비스처럼 취급하는 것이 어딘지 어색하기 때문이다. 그것은 인간의 존엄성을 크게 훼손시키는 일인 것처럼 생각된다.

그런데 사례를 구체화시켜 보면 전혀 달리 보일 수 있다. 수정란 검사를 통해 장차 태어날 아이에게 유전 질환이 발생할 확률이 매우 높은 유전자가 발견되었다고 가정하자. 이 유전자를 사전에 제거하는 것이 윤리적으로 잘못인가? 장차 태어날 아이의 유전 질환 혹은 장애의 가능성을 확인하고, 또한 그것을 예방할 방법이 있다는 것을 알면서도 그러한 조처를 취하지 않은 부모가 오히려 도덕적으로 비난을 받아야 하지 않을까? 이런 경우, 아이의 유전자에 인위적인 조치를 취하는 것, 이를테면 유전자 편집 혹은 선택을 하는 것이 옳아 보인다. 심지어 그런 조치가 부모의 의무인 것처럼 생각되기도 한다. 그것이 장애에 대한 치료라고 여기기 때문이다. 자녀의 성 선택에 있어서도 윤리적으로, 또한 법률적으로 허용되는 경우가 있다. 치료 목적으로 성을 선택하는 것이 그런 경우이다. 혈우병처럼 한쪽 성에만 영향을 미치는 유전적 장애가 발견되는 경우에 자녀의 성별을 선택할 수 있다. 이것은 심각한 질병을 갖고 태어날 아이의 불행을 예방하는 것이지 부모의 선호에 따라 자녀의 성을 마음대로 고르는 것과 다르다.

사람들은 유전자 선택에 있어서 두 가지 목적을 구분하는 경향이 있다. 치료 목적의 경우에는 유전자 선택이 얼마든지 정당화되고 허용될 수 있지만 단순히 선호도를 만족시키거나 능력 향상을 목적으로 하는 경우에는 정당화되기 어렵고, 허용되어서는 안 된다고 생각한다. 그런데 치료와 능력 향상의 경계는 생각만큼 분명하지 않다. 굳이 구분하자면, 치료 목적에서 이루어지는 행위는 소극적 선택이고 능력 향상 목적에서 이루어지는 행위는 적극적 선택이라고 할 수 있다. 치료 목적의 행위는 그렇게 하지 않을 수 없는 것이

고, 능력 향상 목적의 행위는 그렇게 하지 않아도 되는 것이다. 그런데 어떤 쪽이 치료할 필요가 있는 것인가에 대한 답에 늘 객관적이고 과학적인 근거가 있지는 않다 .

　부모의 소극적 선택과 적극적 선택의 구분이 한쪽은 정당하고 다른 한쪽은 정당하지 않다고 판단할 만한 근거인지 의심스럽다. 예컨대, 임산부는 태아의 건강을 위해 흡연이나 음주를 자제하는 것이 바람직하다. 하지만 마찬가지로 건강하고 성격이 좋은 아이가 태어나도록 태교에 신경 쓰는 것 역시 바람직하다. 태아에게 특별이 위험할 것 같지 않은 음식이지만 그 음식을 좀 더 유익한 음식으로 교체하는 것은 비난받을 일이 아니다. 임산부가 흡연이나 음주를 자제하는 행동은 소극적인 것이고, 태아에게 좀 더 유익할 것 같은 음식을 섭취하는 행동은 좀 더 적극적인 행위이다. 물론 좋은 음식을 선택하는 것과 좋은 유전자를 선택하는 것이 같은 것은 아니지만, 여기서 말하고 싶은 것은 소극적 선택과 적극적 선택의 구분이 어떤 행위를 정당화하는 데 결정적인 역할을 하지 않는다는 것이다. 아래의 가상의 사례는 이를 좀 더 분명하게 보여 준다.

서로를 끔찍하게 사랑하는 부부가 있다. "당신의 파란 눈과 나의 갈색 머리 색을 물려받은 아이를 낳자!"라는 남편의 말에 아내는 전폭으로 동의한다. 부부의 바람은 이루어질까? 현재는 운에 맡길 수밖에 없다. 그런데 기술을 이용하면 바람을 이룰 수 있다고 상상해 보자. 기술을 이용하는 선택이 잘못된 것일까?

아이가 태어났는데 운이 좋아서 부부의 바람이 이루어졌다면 부부는 얼마나 기쁠까? 더 행복하게 지낼 가능성이 클 것이다. 아이를 더 사랑할 가능성도 있다. 물론 바람대로 이루어지지 않는다고 해서 부부의 사이가 나빠지거나 부부가 아이를 사랑하지 않게 된다고 생각할 필요는 없다. 하지만 거꾸로 저 부부가 서로 싫어하는 점만을 닮은 아이가 태어났다고 가정해 보자. 부부가 덜 행복해질 가능성이 있지 않을까? 그리고 그 아이가 미움을 받을 가능성이 조금이라도 더 커지지 않을까? 그러면 기술의 도움으로 부부가 서로 좋아하는 점만 닮은 아이가 태어나게 하는 것이 부부뿐만 아니라 태어날 아이에게도 좋은 일이 아닐까?

그런데 부모가 원하는 특징을 갖도록 아이의 유전자를 선택하는 것이 아이의 행복을 위해서도 좋을 것이라는 생각은 처음부터 잘못된 것일는지도 모른다. 아이는 부모에게 기쁨을 주기 위해 태어나는 존재가 아니기 때문이다. 물론 아이가 태어나면 부모가 기쁘고, 특히 어렸을 때 아이가 하는 행동들은 부모를 무척 기쁘게 한다. 하지만 이것이 아이가 태어난 첫 번째 목적이라면 아이는 부모를 위한, 즉 부모의 기쁨을 위한 수단으로써 존재하는 것이 된다.

암묵적 선택과 노골적 선택 사이

부모의 선호 때문이 아니라, 장차 아이가 태어나서 살 세상을 생각하고 아이의 인생을 생각해서 아이의 유전자를 선택하는 것은 어떨까? 온전히 아이의 행복을 위해 부모가 아이의 유전자를 선택하는 경우를 충분히 생각해 볼 수 있다. 우리는 이런 선택을 유전 공학 기술이 없었던 오래전부터 해 왔다. 사람들은 배우자를 선택할 때 여러 가지를 고려하는데, 그 가운데 하나가 저 사람과 결혼하면 어떤 아이를 낳을 수 있을까 하는 것이다. 누구와 결혼하느냐에 따라 아이의 유전적 특성이 달리 결정되기 때문이다.

현우는 대부분의 과목에서 우수한 능력을 보였지만 유독 수학 점수가 낮아서 자신이 가고 싶었던 건축학과에 갈 수 없었다. 그렇다고 현우가 현재 일과 직장에 만족하지 못하는 것은 아니지만 수학에 대한 아쉬움이 늘 남아 있다. 그래서인지 현우는 자기 아이가 수학적 재능이 뛰어나기를 바랐다. 결국 현우는 수학을 잘하는 유미를 아내로 맞이했다고 상상해 보자. 장차 태어날 자신의 아이가 자신보다 뛰어난 수학적 재능을 가지길 기대한 현우의 행동에는 아무런 잘못이 없다. 하지만 현우의 바람은 반드시 이루어지리라는 보장이 없다. 자연적 생식에서의 유전자 혼합은 우연이다. 물론 현우도

이 점을 잘 알고 있지만 자신의 선택으로 아이가 뛰어난 수학적 재능을 가질 확률을 높일 수 있다고 믿는다. 현우의 선택은 도덕적으로 아무런 문제가 없다. 현우는 미래의 아이만을 위해 유미를 선택한 것이 아니라 유미를 정말 사랑하기 때문이다. 태어날 아이만을 위해 배우자를 선택하는 어리석은 사람은 없을 것이다.

현우의 바람이 이루어질까? 그것은 전적으로 운에 달려 있다. 아이를 둘 낳았는데 한 명은 수학을 잘하지만 한 명은 못할 수도 있다. 기술적 진보로 현우의 바람을 충족시킬 방안이 생겼다고 가정해 보자. 적어도 수학적 재능과 관련된 유전적 특성을 확인할 수 있는 길이 열렸으며, 이 유전자를 선택적으로 강화시킬 방법이 있다고 가정해 보자. 그럼에도 불구하고 현우는 자연이 선사하는 운에 미래 아이의 운명을 맡겨야 할까, 아니면 결단을 내려 기술을 활용해 아이의 유전적 운명을 결정해야 할까? 현우는 아이의 수학 유전자를 강화하기로 결정했고, 그에 따른 유전자 시술에 동의했으며, 시술이 성공적으로 이루어졌다. 현우의 이러한 선택은 유미를 배우자로 선택한 행위와 달리 도덕적으로 문제가 있는 행위일까?

먼저 고려해 볼 것은 아이를 위한 선택이라고 했지만 진짜 아이를 위한 것이었나 하는 점이다. 아이의 행복을 위해서 부모가 대신 아이의 유전자를 선택했다고 하지만 실질적으로는 부모의 이득을 위한 선택이 아닌지 의심해 보아야 한다. 부모가 자기중심적 사고에서 벗어나 진정으로 아이의 행복만을 위한 선택을 할 수 있을까? 부모의 관점에서 미래에 태어날 아이의 행복과 불행을 온전히 판단할 수 있을까?

유전자 선택은 어쨌든 우생학의 두려움을 불러일으킨다. 우생학은 인류를 유전학적으로 개량하기 위해 우수한 인자를 지닌 인류와 열등한 인자를 지닌 인류를 사회적으로 분류한다. 나치가 우생학을 근거로 다른 인종을 학살한 바 있다. 그래서 일부에서는 장애를 유발할 가능성이 있는 유전자를 제거하기 위해 유전자 선택 기술을 사용하는 것조차도 금지하는 것이 옳다고 주장한다. 왜냐하면 장애를 가진 것은 결함을 가진 것이 아니기 때문이다. 장애는 물리적인 것이지만 결함은 가치 판단이 개입된 것이다. 정상이라는 말도 이와 비슷한데, 무엇이 정상인지는 자연이 정하는 것이 아니라 인간이 정하는 것이기 때문이다. 시대와 유행에 따라 사람들이 선호하는 것과 혐오하는 것이 바뀐다는 것은 경험을 통해 알고 있는 사실이다.

타인을 행복하게 할 의무

부모가 자녀의 유전자를 선택하는 것이 무조건 나쁘다고 보기 어렵다. 물론 아이를 위해 부모가 선의로 한 것이라고 해도 부모에 의한 유전자 선택을 모두 허용할 수는 없다. 그러면 어느 선에서 타협을 할 수 있을까? 독일의 철학자 임마누엘 칸트가 이 물음에 대한 답을 해 줄 수 있을 듯하다.

칸트는 인간을 도덕적 존재로 이해했다. 인간은 자유로운 존재이며 목적 그 자체이다. 칸트의 이런 생각은 그의 정언명법에 담겨 있다.

"너는 네 자신의 인격과 다른 모든 사람의 인격에 있어서 그 인간성을 언제나 동시에 목적으로 대하고 결코 단순히 수단으로써만 사용하지 않도록 그렇게 행위하라."

칸트는 인간이 자유로운 존재라는 점, 단지 수단일 수 없으며 언제나 동시에 목적이라는 점, 인간에게는 반드시 실천하지 않으면 안 되는 도덕적 의무가 있다는 점 그리고 도덕적인 것은 보편화될 수 있는 것이라는 점 등을 강조한다.

칸트는 도덕적 존재로서 인간은 여러 의무를 지는데, 그중에 자신의 완성을 추구해야 할 의무와 타인의 행복을 증진시킬 의무가 있다고 한다. 타인의 행복에 기여하는 것이 왜 도덕적인 의무일까? 타인 역시 나와 마찬가지로 인간성을 지니고 있는 존재이기 때문이다. 인간성은 무조건적인 가치를 지니며 나의 인격 속에 있든 타인의 인격 속에 있든 똑같이 그 자체로 가치 있다.

그런데 나의 행복과 타인의 행복을 완전히 동일하게 취급하라는 주장은 너무 과도하지 않을까? 나의 행복과 타인의 행복 가운데 하나를 선택해야 한다면 어떻게 해야 할까? 물론 이 경우는 나의 행복 추구가 타인에게 해를 끼치지 않을 때를 말한다. 칸트는 상식을 저버리지 않는 철학자이다. 그는 타인의 행복에 기여할 의무를 완전한 의무가 아니라 불완전한 의무라고 말한다. 다른 의무에 의해 제한될 수 있는 것이기 때문이다.

예를 들어, 이웃에 대한 일반적인 사랑이 자신의 부모나 자식에 대한 사랑에 의해 제한될 수 있다. 내 아이의 행복을 제쳐 두고 남의 아이의 행복에 관심을 두라는 말이 아니라, 내 아이의 행복에 관심을 두고, 거기에 해가 되지 않는다면 남의 아이의 행복에도 관심을 두라는 말이다. 이렇게 칸트는 타인의 행복을 증진시킬 의무를 달리 행동할 여지가 없는 완전한 의무가 아니라 달리 행동할 여지가 있는 불완전한 의무로 규정함으로써 상식을 저버리지 않는 행동을 제시한다.

이런 맥락에서 보면, 장차 태어날 아이의 유전적 능력 향상을 위한 부모의 선택이 그 아이의 행복 증진에 기여하는 것이라면 그런 조처가 도덕적으로 허용될 수 있다고 판단된다. 부모가 자신의 행복을 위해서가 아니라 장차 태어날 아이의 행복을 증진시킬 목적으로 유전자 선택을 한다그 볼 수 있기 때문이다. 유전자 선택이 아이의 행복을 증진시킬 것이 분명하다면, 그런 선택을 하지 않을 이유가 없으며, 오히려 타인의 행복을 증진시킬 의무라는 도덕적 이유로 강제되는 것이다.

그렇지만 아직도 고려해야 할 문제가 남아 있다. 어떤 유전자의 선택이 행복의 증진에 기여하는가 하는 것이다. 앞에서 다룬 수학 유전자는 아이의 행복 증진에 기여하는 것으로 보기 어렵다. 이 사례의 부모는 수학 유전자를 보강함으로써 아이의 수학적 재능을 향상시키고, 수학 영역에서 아이의 경쟁력을 증진시키는 것을 의도한 듯하다. 하지만 이런 의도는 달성되기 어렵다. 다른 모든 부모들 역시 같은 의도로 유전자를 선택할 수 있기 때문이다. 경쟁에서 유리한 고지를 차지하기 위해 유전 공학 기술을 이용하라는 준칙은 보편적인 법칙이 될 수 없다. 그것이 보편적인 법칙이 된다면, 다시 말해서 모든 사람이 그 준칙에 의해 행동한다면 그 준칙을 행하는 의도가 실현될 수 없기 때문이다. 모든 사람이 똑같은 능력 향상을 이룬다면 능력 향상 기술을 이용한 목적을 어느 누구도 이룰 수 없을 것이다. 그러므로 칸트는 이런 종류의 준칙은 모순 없는 보편적 법칙이 아니라고 말할 것이다.

타인의 행복 증진을 위해 허용될 수 있는 유전자 선택이 있을까?

칸트는 사람들에게 행복을 위해 일반적으로 중요시되는 어떤 것이 있다고 생각했다. 그것은 여러 가지 점에서 선하고 바람직한 것이다. 하지만 제한 없이, 무조건 선하다고 말하기에는 부족한 점이 많다. 그것은 선의지를 전제로 하는 경우, 조건적으로 선하다고 말할 수 있는 것이다. 이것을 칸트는 '조건적으로 선한 것'이라고 설명한다. 물론 이것이 곧바로 행복을 가져다주지는 않지만 대체로 행복을 위해 중요한 것으로 여겨진다. 조건적 선의 결여는 자신의 의무로부터 벗어나려는 유혹을 증가시키기 때문이다.

이제 잠정적으로 결론을 내릴 수 있을 듯하다. 부모에 의한 아이의 유전자 선택을 무조건 부정적으로만 보지 않아도 될 듯하다. 칸트가 말한 조건적 선에 해당하는 경우에는 윤리적으로 허용될 수 있을 것이다. 물론 이 경우에는 조건적 선의 구체적 목록을 만들어야 하며, 그 일은 사회적 합의를 필요로 한다. 반대로 사회적으로 합의된 조건적 선의 목록에 포함되지 않는 유전적 선택에 대해서는 계속 엄격한 규제가 필요할 것이다 .

12
생명 공학

인간의 유전자에
특허권을
인정하는 것이 옳을까?

1849년 8만 명의 포티나이너스(49ers)가 미국 서부의 캘리포니아로 몰려
들었다. 1849년부터 1853년까지 캘리포니아 지역의 금광을 찾아 사람들이
몰려든 현상을 골드러시라고 한다. 금을 찾아 몰려온 사람들을 포티나이너
스라고 불렀는데, 그 이유는 1849년에 가장 많은 수의 사람들이 캘리포니아
로 유입되었기 때문이다. 1853년에는 그 수가 25만 명에 이르렀다. 1848년
부터 1858년까지 약 10년간 캘리포니아 금광 지대에서 채굴된 금은 5억 5천
만 달러에 상당하는 금액이었다고 한다.

골드러시는 우연한 사건으로 시작되었다. 1848년 1월 캘리포니아의 농장 주인 존 셔터가 제재소를 건설하고 있었는데, 목수인 제임스 마셜이 사금을 발견했다. 자신들이 발견한 것이 사금인 것을 확인한 셔터와 마셜은 이 사실을 비밀에 부치기로 약속했다. 하지만 비밀은 오래가지 않았고, 캘리포니아에서 많은 양의 금이 발견되었다는 소식이 미국 동부에까지 전해졌다. 나중에는 유럽에까지 알려져 금 소식을 들은 사람들은 불모의 땅 캘리포니아로 몰려들었다. 캘리포니아에서는 금을 먼저 발견한 사람이 임자였기 때문에 일확천금을 노리는 채굴꾼들이 몰려들었던 것이다.

금은 꿈을 안고 캘리포니아로 온 사람들에게는 희망이었지만 아메리카 인디언들에게는 눈물이었다. 북미 대륙에서 처음 금이 발견된 것은 1820년이었다. 미국 정부는 금을 채굴하기 위해 1830년에 인디언 이주법을 제정했다. 이 법의 주요 내용은 아메리카 인디언들을 인디언 보호 구역으로 강제 이주시키는 것이었다. 보호 구역으로 이주하는 길고 험한 길 위에서 수많은 인디언들이 사망했다. 그때 생긴 말이 '눈물의 길'이다. 체로키 부족, 크리크 부족, 세미놀 부족, 촉토 부족, 치카소 부족 등 아메리카 인디언 부족들이 고향에서 쫓겨나 오클라호마 부근의 인디언 보호 구역으로 이주하는 도중에 질병, 추위, 굶주림으로 목숨을 잃었다. 체로키 부족의 경우는 총 16,543명의 이주민 가운데 2000~6000명으로 추정되는 사람들이 이등 과정에서 목숨을 잃었다고 한다.

유전자 골드러시

21세기에는 또 다른 골드러시가 시작되려고 한다. 이번 골드러시의 목표는 금이 아니라 유전자이다. 2000년 6월, 세계 여러 나라의 연구진이 참여한 인간 유전체 프로젝트와 미국의 생명 공학 벤처 기업인 셀레나 제노믹스가 인간

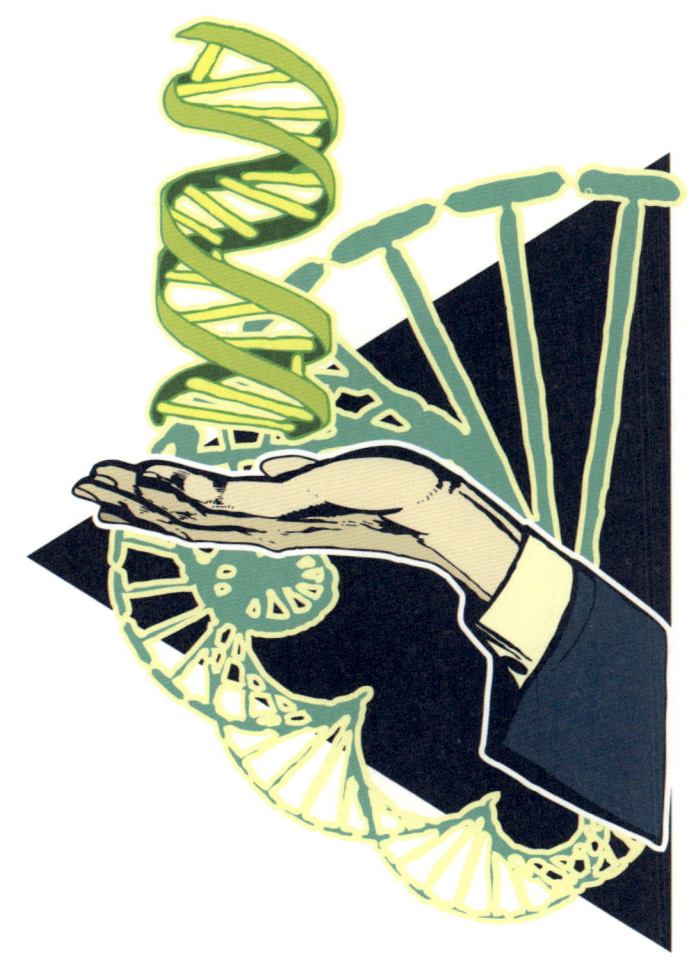

유전체 지도의 초안을 완성했다고 발표했다. 2003년에는 인간 유전체 프로젝트에 참여한 6개 나라의 과학자들이 인간 유전체 지도를 99.99퍼센트 정확하게 완성했다고 발표했다. 1990년에 시작한 인간 유전체 프로젝트에는 13년간 27억 달러가 투자되었다. 지금은 유전자 분석 기술이 급속하게 발전하여 1000달러로 개인의 유전자를 분석할 수 있다.

유전자 분석 기술은 진단 의학 분야에서 중요하게 활용된다. 특정 유전자와 연관이 있는 유전 질환의 가능성을 조기에 발견할 수 있기 때문이다. 그리고 최근에 집중적으로 조명을 받고 있는 유전자 편집 기술은 예방과 치료 등의 분야에서 기대를 모으고 있다. 제약 회사와 대학교 연구소는 유전자 및 유전자 기술에 대한 연구에 박차를 가하고 있다. 19세기 골드러시 시대와 마찬가지로 먼저 발견하고 먼저 고안하는 사람이 모든 것을 소유할 수 있기 때문이다. 이런 이유로 유전 공학 분야에서 유전자 골드러시가 진행 중이다.

유전자 골드러시의 배경에는 특허권이라는 것이 있다. 특허권은 배타적 권리이므로 특허를 소유한 쪽의 허락 없이는 다른 사람이나 기관이 사용할 수 없다. 그런데 유전자는 자연의 산물이 아닌가? 특정한 개체가 소유한 것도 아니고, 많은 개체들이 공통으로 가지고 있는 것이 아닌가? 더욱이 그 유전자를 가지고 있는 개체가 아니라 유전자를 연구하는 사람이 배타적인 사용권을 주장하는 것이 온당한 일인가? 특히, 인간의 유전자에 대해 특허권을 주장하는 것이 정당할까? 이처럼 유전자 골드러시 시대에 유전자 특허에 대해 논란이 뜨겁다.

논란의 중심에는 BRCA 유전자가 있다. BRCA는 유방암과 난소암에 연관이 있는 유전자로, 미국의 영화배우 안젤리나 졸리 때문에 더욱 유명해졌다. BRCA 유전자가 도대체 무엇일까? BRCA는 손상이 생긴 DNA가 있을 때 그것을 복구하는 수리 메커니즘에서 핵심적인 역할을 한다. 졸리는 한 번의 아카데미 상과 세 번의 골든글러브 상을 수상한 대표적인 할리우드 배우이다. 특히 제3세계 아동의 입양과 난민 구호 등 인도주의적 활동을 하는 배우로 유명하다. 졸리는 2013년 5월 14일 자 〈뉴욕 타임스〉에 '나의 의료적 선택'이라는 제목의 기고문을 실었다. BRCA 유전자 진단 결과에 따라 유방암 예방을 위해 양쪽 가슴을 절제했다는 졸리의 이야기는 독자들에게 충격을 주었다. 하지만 졸리는 격앙된 감정 없이 담담하게 자신의 이야기를 전했다.

BRCA 유전자에 돌연변이가 있을 경우, 유방암과 난소암에 걸릴 확률이 엄청나게 증가한다고 알려져 있다. 여성이 평균 수명까지 살 경우에 유방암에

2013년 유방암에 대한 예방 조치로 양측 유방 절제술을 받은 안젤리나 졸리

걸릴 확률은 7~8퍼센트 정도이고, 50세 이전에 유방암에 걸릴 확률은 2퍼센트 정도이다. 그러나 BRCA 유전자에 돌연변이가 있는 경우는 유방암에 걸릴 확률이 33~50퍼센트까지 높아진다. 심지어 70세 이전에 유방암에 걸릴 확률은 87퍼센트까지 올라간다.

졸리는 BRCA 유전자에 돌연변이가 있다는 진단을 받았고, 난소암 발병 확률이 87퍼센트로 높다는 의사의 소견을 들었다. 더욱이 졸리의 어머니는 난소암으로 10년 투병 끝에 세상을 떠났다. 예방적 수술로써 유방을 절제할 경우에 유방암 발병률을 90퍼센트 이상 낮출 수 있다고 하고, 난소 절제술을 하면 난소암 발병률을 96퍼센트까지 낮출 수 있다고 한다. 이와 같은 과학적 근거와 개인적 경험으로 졸리는 여자로서 감당하기 쉽지 않은 결정을 내리고 실행했다.

BRCA 유전자 소송

우리 몸은 세포로 이루어져 있고, 모든 세포 속에는 핵이 있다. 핵 속에 유전 정보를 담은 DNA 사슬이 존재한다. 그런데 DNA는 복사 과정에서 발암 물질이나 활성 산소에 접촉되어, 또는 자외선이나 방사능에 노출되어 손상이 생기는 경우가 있다. 우리 몸은 이럴 경우를 대비해 DNA를 수리하는 메커니즘을 가지고 있다. BRCA 유전자에 돌연변이가 생기면 손상된 세포를 수리하지 못한다. 보통의 경우, 세포에 손상이 생겨도 별 문제가 없지만 손상이 수리되지 않고 쌓이게 되면 커다란 문제가 발생할 수 있다. 대표적인 예는 정상 세포가 통제 불가능한 암세포가 되는 것이다.

BRCA 유전자는 미국의 미리어드 제네틱스라는 생명 공학 회사에서 특허권을 가지고 있다. 미리어드 제네틱스는 BRCA1 유전자와 BRCA2 유전자에 대한 진단 키트를 만들어 독점권을 행사해 왔다. BRCA 유전자 돌연변이가 유방암의 유일한 원인은 아니지만 BRCA 유전자 돌연변이와 유방암의 연관성이 매우 깊다는 것은 밝혀진 사실이다. 그렇기 때문에 BRCA 유전자 진단은 유방암을 일찍 발견하고 예방하기 위해 중요하다. 그런데 미리어드 제네틱스의 태도는 많은 논란을 불러일으킬 만했다. 미리어드 제네틱스는 BRCA 유전자 진단의 독점권을 행사했을 뿐만 아니라, 2011년부터는 특허권을 강화하는 조치를 단행했다. 전 세계적으로 BRCA 유전자 진단은 허가받은 실험실에서만 할 수 있었다. 어려운 작업이기도 하지만 진단 비용도 매우 비싸다. 안젤리나 졸리도 진단을 받은 후에 진단 비용에 대해 불만을 이야기했을 정도이다.

인간의 유전자인 BRCA1과 BRCA2에 대한 독점권을 주장하는 미리어드 제네틱스에 대해 이의를 제기하는 사람들이 늘어났고, 2009년에는 개인의 권리와 자유 수호를 목적으로 하는 단체인 미국 시민 자유 연맹과 비영리 단체인 공공 특허 재단이 미리어드 제네틱스의 특허 취소에 관한 소송을 제기했다. 연방 판사는 BRCA 유전자 특허가 무효라고 선언했지만, 항소심에서 1심 판결이 뒤집혔다. 결국 연방 대법원에 최종 판결이 맡겨졌다. 2013년 6월 14일 연방 대법원의 판결이 다음과 같이 발표되었다.

"자연적으로 생성되는 DNA 조각은 자연의 산물이며, 단순히 그것이 추출되었다는 것만으로는 특허에 해당되지 않는다. 하지만 상보적 DNA(cDNA)는 자연의 산물이 아니므로 특허의 대상에 해당한다."

연방 대법원 판결의 핵심을 간단히 말하면, 유전자는 자연의 산물이기 때문에 특허의 대상이 아니라는 것이다. 그러나 단서가 달려 있었다. 단순 추출한 DNA 조각들이 아니라 합성을 통해 얻은 상보적 DNA는 특허의 대상이라고 했다. 그러니까 자연에 존재하는, 있는 그대로의 유전자는 특허의 대상이 아니지만 어떤 기술적 조치를 취해서 인위적으로 합성해 낸 유전자는 특허의 대상이 될 수 있다는 것이다. 하지만 문제가 완전히 해결된 것은 아니다. 상보적 DNA에 대한 논란이 여전히 존재한다.

생물 특허의 역사

자연의 산물에 대해 특허를 인정한 역사는 생각보다 길다. 1843년에 핀란드에서 살아 있는 유기물에 대해 최초로 특허를 승인했다. 1873년에는 프랑스의 미생물학자 루이 파스퇴르가 병원균으로부터 효모를 분리하여 미국 특허를 획득했다. 1961년 파리 협약은 기존 변종에 대해 특허권을 인정했다. 동물에 대한 특허는 1988년에 최초로 인정했는데, 하버드대학교의 레더 박사 연구진이 암 발병 연구를 위해 만든 쥐였다.

이후 미국을 비롯해 전 세계에서 수백 종의 돼지, 소, 양 등의 동물들에 대한 특허 신청을 접수했다. 우리나라에서는 1998년 처음으로 동물 특허가 인정되었다. 식물에 대한 특허 역시 활발하게 이루어지고 있는데, 생태계가 비교적 잘 보존되어 있는 제3세계가 주요 연구 대상이다. 식물에서 유용한 약물을 얻어 유전자 특허를 신청하면 큰 이득을 얻을 수 있는데, 지금까지 유용성 테스트를 받은 식물은 지구 상의 식물 가운데 1퍼센트도 되지 않는다고 한다.

인간 유전체 프로젝트 이후로는 인간 유전자에 대한 특허가 크게 증가하고 있다. 인간 유전자에 대한 최초의 특허는 예상보다 오래전에 인정되었다. 1906년에 런드 핸드 판사는 정제된 물질은 자연 상태 그대로의 물질보다 유용성이 상당히 크다는 이유로 정제된 자연 물질에 대한 특허를 허가했다. 오늘날에는 가능하지 않은 특허였다.

1980년 3월, 미국 대법원에서 판결이 내려진 '다이아몬드 대 차크라바티 사건'은 생물체에 대한 특허 문제가 쟁점이었다. 유전자 변형 박테리아를 만들어 낸 아난다 모한 차크라바티의 특허 주장에 반대해 미국 특허청장 다이아몬드가 소송을 낸 사건이었다. 당시까지는 유기체에 대한 특허가 상식적으로 받아들여지지 않았다. 이 사건으로 유기체에 대한 특허의 길이 열렸다. 유기체라고 하더라도 '인간이 만든' 것이라면 특허를 주장할 수 있음이 분명해졌다. 하지만 이 판결 이후 유기체 특허에 대한 논란이 커졌다. 대법원 판결 자체도 5대 4의 근소한 차이로 결정되었다. 반대 의견을 낸 대법관들은 유기체에 대해 특허를 허용하는 것이 온당치 않다고 생각했다.

현재 인간 유전체의 20퍼센트에 해당하는 약 4000개의 유전자에 적어도 한 건 이상의 특허가 승인되어 있다. 분리된 유전자, 분리된 유전자를 활용하는 방법, 유전자를 바탕으로 질병을 진단하는 방법 등에 대해 특허가 승인되었다.

특허란 무엇인가?

특허는 발명에 대한 보상으로 주어진다. 발견에 대해서는 특허가 인정되지 않는다. 자연물 혹은 자연에 있는 것은 특허의 대상이 아니다. 특허권은 인위적인 과정이 개입된 것에 대해서만 허용되는 권리이다. 특허권은 독점적 권한이지만 일정한 기간 동안만 보호된다. 권한의 보호 기간이 제한적이라는 점은 특허권의 취지를 짐작케 하는 주요한 대목이다. 특허권은 발명의 세부 내역을 공개한 대가로 주어지는 권리이다. 발명의 세부 내역 공개는 추가적인 연구를 가능케 하며, 그렇게 하여 특허가 과학 기술의 발전에 기여하게 한다.

특허의 권리는 소극적 권리이다. 유기체나 인간의 신체, 유전자는 개인의 소유가 아니기 때문에 특허로 인정될 수 없다. 특허권은 자연물에 대한 소유권이 아니라 자연물을 활용하는 특정한 방법에 대한 권리이다. 특정 유기물이나 유전자를 활용하여 새로운 제품을 생산하는 제조 권한이 특허를 통해 보호된다. 따라서 특허권자는 자신의 발명을 누군가 허락 없이 이용하거나 판매하려는 것을 막을 권리가 있다.

특허 제도가 생긴 이유는 비교적 분명하다. 만일 특허 제도가 없다고 가정해 보자. 세계 각지의 연구실에서 열정적으로 일하는 수많은 연구자들을 찾아 볼 수 있을까? 많은 비용이 투자되는 연구가 오늘날처럼 다양하게 진행될 수 있을까? 특허라는 보상 시스템 덕분에 많은 연구자들이 더욱 열심히 연구에 몰두할 수 있으며, 막대한 비용이 소요되는 연구도 진행되는 것이 아닐까?

특허 제도로 인해 과학 기술의 발전이 촉진된다. 특허 제도는 보상을 대가로 새로운 연구 성과를 발표하고 공개하도록 만든다. 연구의 세부 내용이 공개됨으로써 후속 연구가 진행되고, 시간과 노력의 중복 투자 없이 바로 다음 단계로 연구가 진행된다. 역사를 살펴보면 전승되지 않고 사라진 기술이나 기능이 있다. 연구 결과나 갈고 닦은 기능을 후대에 전승하지 않고 비밀에 부쳤기 때문이다. 그리하여 성공한 연구 사례가 사회적 이익으로 전환되지 못하고 사라졌으며, 똑같은 연구가 이곳저곳에서 중복으로 수행되는 비경제적인 상황이 벌어졌다.

발전된 과학 기술은 연쇄 작용으로 산업의 발전을 가져온다. 기술이 산업에 적용되어 새로운 상품이 만들어지고, 그렇게 해서 경제가 활성화되고 고용이 촉진된다. 발전된 의료 기술은 사람의 생명을 구하고 건강을 증진시킨다. 과학 기술의 발전이 결국 사회에 커다란 이득을 가져다준다는 것은 상식처럼 통용되는 명제이다. 이런 맥락에서 볼 때 특허 제도는 사회적으로 커다란 효용을 갖는다.

왜 유전자 특허를 고집하는가?

특허 제도의 장점이 분명하지만, 그럼에도 불구하고 유전자 특허에 대한 반론이 강력하게 제기되고 있다. '유전자는 특허의 요건을 충족시키지 못한다.'는 것이 첫 번째 반대 이유이다. 유전자는 발견된 것이지 발명된 것이 아니다. 유전자를 분리해 내고 정화하기 위해 매우 어려운 기술적 과정을 거쳤다고 해서 발견이 발명으로 바뀌지는 않는다. 유럽 특허 협약과 생물 특허 지침은 특허 자격을 판단하는 기준으로 네 가지 요건을 제시하고 있다. 새로움, 발명적 단계, 산업적 응용 가능성, 공개의 충분성이 특허 자격을 얻을 수 있는 요건이다. 유전자는 이 네 가지 기준들 가운데 하나 혹은 그 이상을 만족시키지 못한다. 미리어드 제네틱스의 BRCA 유전자는 이 네 가지 기준 가운데 세 가지를 충족시키지 못했다.

둘째, 유전자 특허는 너무 많은 부정적 결과를 낳는다. 유전자 특허를 지지하는 사람들이 주장하는 것과 같이 '해악을 월등히 넘어서는 이득'이 있다고 볼 수 없으며, 오히려 현재 드러나 있는 해악에 잠재적 해악까지 고려할 때 그 이득은 해악에 비할 바가 아니다. BRCA 유전자 진단의 사례에서 볼 수 있듯이, 유전자 특허의 인정으로 의료비를 포함하여 제품의 가격이 상승할 것은 불을 보듯 뻔하다.

셋째, 유전자 특허를 지지하는 근거들이 생각만큼 탄탄하지 않다. 지식과 기술의 개방으로 인해 과학 기술의 발전이 촉진될 것이라는 공리주의적 관점의 근거는 그야말로 말에 불과할 가능성이 크다. 과학 기술의 상업적 활용이 활발해지면서 유전자 특허가 과학 연구에 오히려 장애가 되는 사례가 드물지 않다. 더욱이 전염병이 발생했을 때 신속한 대응이 필요한 공중 의료 분야에서 유전자 특허는 문제 해결을 지연시키는 요인으로 작용하기도 한다. 유전자 특허가 과학과 산업의 발전을 촉진시킴으로써 사회적 가치를 증진시킨다는 주장은 설득되기 어렵다. 많은 유전자 특허의 소유자들은 사회적 효용보다는 경제적 이득에 관심이 있기 때문이다.

넷째, 유전자는 어느 누구의 소유물도 아니며, 특히 인간 유전자는 인류 공동의 자산이다. 모든 인간은 과거에 동일한 유전자를 가졌고, 지금도 동일한 유전자를 가지고 있으며, 앞으로도 동일한 유전자를 가질 것이다. 이런 특성 때문에 유전자를 어느 개인이나 기업의 소유물로 간주하는 것은 불합리하다.

이렇게 명백해 보이는 반대 근거들이 있음에도 불구하고 왜 유전자 특허를 고집하는가? 아마 정의의 원칙과 관련하여 논의한 내용들이 이 물음과 관련이 있을 듯하다. 현재 유전자 특허를 가장 적극적으로 옹호하는 나라는 미국이다. 가장 많은 특허를 소유한 나라 역시 미국이다. 특허는 그것을 소유한 사람에게 상당 기간 동안 막대한 이득을 가져다준다. 유전자 특허를 일반화하면 가장 큰 이득을 보는 나라가 미국을 비롯한 기술 선진국일 것이다. 유네스코의 '인간 유전체와 인권에 관한 보편 선언'에도 유전자가 인류의 보편 유산이라고 명시되어 있고, 이런 주장에 반대할 사람은 많지 않아 보이나 유전자 특허가 인정되고 있는 것은 몇 선진국과 거대 자본가들의 욕심과 무관하지 않을 것 같다. 미국을 비롯한 기술 선진국들의 거대 자본과 기업들이 유전자 특허를 독식함으로써 막대한 경제적 이득을 취할 것이다.

유전자 특허는 특허 제도의 취지에도 부합하지 않을 뿐더러 그로 인한 폐해가 너무 크다는 점, 더욱이 유전자 특허는 인류 전체의 이득에 기여하기보다 소수 자본과 기업의 이익에 기여한다는 점에서 다시 한 번 생각해 볼 필요가 있다.

철학, 과학 기술에 다시 말을 걸다

1판 1쇄 발행 | 2016. 10. 24.
1판 7쇄 발행 | 2024. 9. 1.

이상헌 글 | 정재환 그림

발행처 김영사
발행인 박강휘
등록번호 제 406-2003-036호
등록일자 1979. 5. 17.
주   소 경기도 파주시 문발로 197(우10881)
전   화 마케팅부 031-955-3100 편집부 031-955-3113~20
팩   스 031-955-3111

값은 표지에 있습니다.
ISBN 978-89-349-7579-3 43500

좋은 독자가 좋은 책을 만듭니다. 김영사는 독자 여러분의 의견에 항상 귀 기울이고 있습니다.
전자우편 book@gimmyoung.com | 홈페이지 www.gimmyoungjr.com

이 도서의 국립중앙도서관 출판시도서목록(CIP)은 서지정보유통지원시스템 홈페이지(http://seoji.nl.go.kr)와
국가자료공동목록시스템(http://www.nl.go.kr/kolisnet)에서 이용하실 수 있습니다.
(CIP제어번호 : CIP2016024678)